THE 50

위대한 건축가 50
GREATEST ARCHITECTS

THE 50

세계적인 건축물을
만든 사람들

THE PEOPLE WHOSE
BUILDINGS HAVE
SHAPED
OUR WORLD

위대한 건축가 50
GREATEST ARCHITECTS

IKE IJEH 지음
김훈 · 우소영 옮김

Spacetime Pub

위대한 건축가 50_세계적인 건축물을 만든 사람들

초판 1쇄 2023년 4월 25일

저자: Ike Ijeh
역자: 김훈 · 우소영
발행인: 김기현
발행처: 시공문화사 ***Spacetime Pub***

출판등록: 1993년 3월 12일
주소: 서울시 서대문구 독립문공원길 13 (03733) 극동프라자 5층

전화: 02) 3147-1212
팩스: 02) 3147-2626

http://www.spacetime.co.kr
mail: spacetime@korea.com

편집: Design Battery
인쇄: (주)예림인쇄사
제본: 다인바인텍

ISBN: 978-89-5592-470-1

정가: 28,000원

The 50 Greatest Architects by Ike Ijeh

목차

서론

위대함은 본질상 환원적이며 주관적이다. 어떤 대상이 위대해지면, 다른 것은 암묵적으로 열등해진다. 평가 수단으로 보면 위대함은 순진하고 단순하다. 마찬가지로, 모든 종류의 비평은 주관적이다. 의견으로 내세우는 순간 이미 객관성이 침해되기 때문이다.

그럼에도 인간에게는 위계를 나누고 위쪽으로 올라가려는 성문법과도 같은 본성이 있다. 가장 원시적인 사회에도 오늘날 계급 체계라고 부를 수 있는 것과 유사한 체계가 있었다. 선택된 소수에게 서열을 부여해왔던, 이토록 오래된 선입관은 오늘날까지 우리의 문화, 정치, 사회 및 시민이 직조되는 구조에 영향을 미쳤다.

예술은 과학과 달리 주관성을 다루는 작업이다. 위대한 작곡가, 위대한 예술가, 위대한 작가, 그리고 위대한 건축가들이 그러하듯. 예술의 형태로써 건축은 독특하다. 건축은 감상자의 개입(engagement)를 요구하는 유일한 형태의 예술이다. 시각 장애인은 바로크 프레스코화의 영광을 볼 수 없다. 하지만 그는 매일 밤 침실에 가려면 벽과 계단을 탐색해야 한다. 그래서 (감사하게도)모차르트(Mozart), 톨스토이(Tolstoy), 카날레토(Canaletto) 같은 다른 분야에서 보다, 일상에 영향을 미칠 잠재력은 건축가들에게 훨씬 더 많다.

이 책은 가장 위대한 직업으로 여겨지는 50명의 건축가를 알아보고 있다. 작가나 작품의 선택은 어느 정도는 주관적이고, 다루는 내용 역시 혹자에겐 이도

왼쪽 : 유네스코는 시드니 오페라 하우스(예른 웃손, 140쪽)를 "20세기의 위대한 건축 작품" 이라고 묘사했다.

위쪽 : 성 베드로 광장(잔 로렌초 베르니니, 40쪽)은 세계에서 가장 유명한 공공공간 중 하나로, 세계에서 가장 큰 교회와 인접해 있다.

저도 아닌 무용한 담론처럼 보일 수도 있다. 5,000년 간의 인간 문명에서 나타난 모든 양식, 기간, 시대 및 운동을 포함하면서도, 이해하기 쉽게 책 한 권으로 요약하는 일은 포함보다 생략의 작업이 될 수밖에 없기 때문이다.

아쉽게도 몇몇 작가는 포함되지 못했다. 쥘 아르두앙-망사르(Jules Hardouin-Mansart), 클로드-니콜라 르두(Claude-Nicolas Ledoux), 로버트 애덤(Robert Adam), 오거스터스 웰비 퓨진(Augustus Welby Pugin), 알바 알토(Alvar Aalto), 루이스 바라간(Luis Barragánand)과 시게루 반(Shigeru Ban)이 여기에 해당한다. 그들의 상당한 건축적 공헌에도 불구하고, 이 책에는 다루지 못하였다.

이러한 주관성과 차별성을 받아들일 수 있다면, 독자들은 다음 페이지에서부터 펼쳐지는 건축가들의 이야기 속에 살아있는 심오한 가치들을 느낄 수 있을 것이다. 각 건축가는 그 건축물이 처한 환경, 문화, 제약과 원칙과 더불어, 건축이 우리가 사는 세상을 형성하는데 어떻게 도움을 주는지에 대해 말해주기 때문이다.

또한, 각 건축가의 인간적 승리와 좌절의 목록에서, 우리는 역경을 이겨내고 더 큰 영감을 줄 수 있는 도구를 찾을 수 있다. 모든 예술 형태 중에서, 건축은 궁극적으로 인간에 관한 이야기이다. 그 이야기를 풀어내고 그것을 위대하게 만든 사람들을 조명하는 작업을 통해, 우리가 스스로에 대해 조금 더 알게 되기를 희망한다. 그것이 이 책을 통해 얻을 수 있는 가장 큰 보람이다.

헤미우누

고대 7대 불가사의 중 오직 하나만, 그중 가장 오래된 것이 현존한다.

이집트 기원전 2570년 출생

대표작 :
기자의 대피라미드

건축 양식 :
고대 이집트 제4왕조 양식

위쪽 : 헤미우누

기자(Giza)의 대피라미드는 이집트의 약 130개의 고대 피라미드 중 가장 크고 유명하며, 피라미드를 세계에서 가장 쉽게 알아볼 수 있도록 한 건축물 중 하나로 만드는 데 일조했다. 심지어 미국 달러 지폐에도 피라미드가 등장한다.

고대 이집트 피라미드가 우리의 문화, 문명, 도상학(iconography)에서 큰 역할을 했음에도 불구하고, 피라미드를 만든 사람은 비밀에 싸여 있다. 그러나 기자의 대피라미드 뒤의 건축가는 파라오 자신을 매장하기 위해 피라미드를 짓도록 했던 위대한 파라오의 삶을 거의 그대로 반영하는 힘과 위세를 누리며 살았다.

헤미우누는 이집트 왕실에서 태어났다. 부모는 왕자와 공주였고, 삼촌은 제4왕조의 두 번째 파라오인 쿠푸(Khufu)였다. 고대 이집트학자들은 쿠푸가 대피라미드의 건축을 명명하고, 자기가 명했던 피라미드에 매장되었다고 생각한다. 헤미우누의 삶과 경력에 가장 큰 영향을 끼친 가족관계는 그의 할아버지 파라오 스네프루(Sneferu)였다.

고대 이집트 왕조는 대략 기원전 3100년경 시작했다. 그 이후로 쭉 왕과 통치자는 마스타바(mastaba)에 묻혔다. 마스타바는 흙벽돌로 투박하게 지은 평지붕 구조물로, 납작한 사다리꼴 형상이었다. 위대한 건축가 임호텝(Imhotep)은—후일 치유의 신으로 신격화된다—점점 더 작은 마스터바를 수직으로 쌓아 올리는 것을 처음으로 생각했다. 그리고 이런 방식으로 피라미드가 지어지게 되면서, 초기 피라미드는 단면상

오른쪽 : 헤미우누의 가장 영향력 있는 유산인 기자의 대피라미드

계단모양을 취하게 되었다. 오늘날 우리가 피라미드로 인식하는 매끄러운 사각뿔의 윤곽을 가진 피라미드는 스네프루 이후에 등장한다. 또한 이 시기에 피라미드 내부 구조의 혁신이 정립되었다.

헤미우누는 아버지의 뒤를 이어 (오늘날 총리에 해당하는) 왕실 최고 고위직인 재상이 되었을 때 이러한 변화를 잘 알고 있었을 것이다. 결정적으로, 헤미우누도 왕실 건축가였고, 이는 그가 모든 왕실 건축 프로젝트를 감독하게 되었다는 것을 의미한다. 왕실 건축가의 자격으로 그는 기자에서 대피라미드를 지었다. 약 280만㎥(1억 입방피트)와 약 550만t(9억 4천 5백만 스톤)의 무게를 지닌 이 건축물은 지어지는데 약 20년이 걸렸고 이집트 역사에서 선례가 없던 규모였다. 원래는 147m(482 피트) 높이로 14세기에 링컨 성당(Lincoln Cathedral)이 등장하기 전까지 거의 4,000년 동안 세계에서 가장 높은 건물이었다.

모든 피라미드는 대체로 동일한 기하학적, 장식적 계율을 따랐기 때문에, 헤미우누는 그의 창조물에 자신의 인장을 보여줄 기회가 거의 없었다. 하지만 헤미우누는 세 가지 방향에서 두드러진다. 가장

눈에 띄는 것은 기자의 거대한 규모이다. 건축적인 의미뿐만 아니라 정치적인 의미에서 그러하다. 유럽의 바로크 양식 궁전처럼 피라미드의 규모는 군주들에 의해 실행된 절대주의의 수준과 정비례했다. 즉, 권위주의와 중앙집권화가 이후 왕조에서 쇠퇴했을 때, 피라미드의 규모는 작아졌다. 이때의 파라오는 피라미드 대신 논리적으로 실현가능한 신전을 지었다.

헤미우누의 두 번째 인장은 원래 피라미드를 둘러싸고 있던, 반짝이는 하얀 석회암 블록들로 만들어지는 피라미드의 인상이다. 석회암 블록들은 나중에 침식되거나 의도적으로 해체되었다. 상징적으로, 고대 피라미드의 형태는 내리쬐며 확산하는 태양 광선을 형상화한 것에서 유래되었다고 하며, 빛나는 발광의 느낌을 전달하기 위해 피라미드 대부분은 석회암

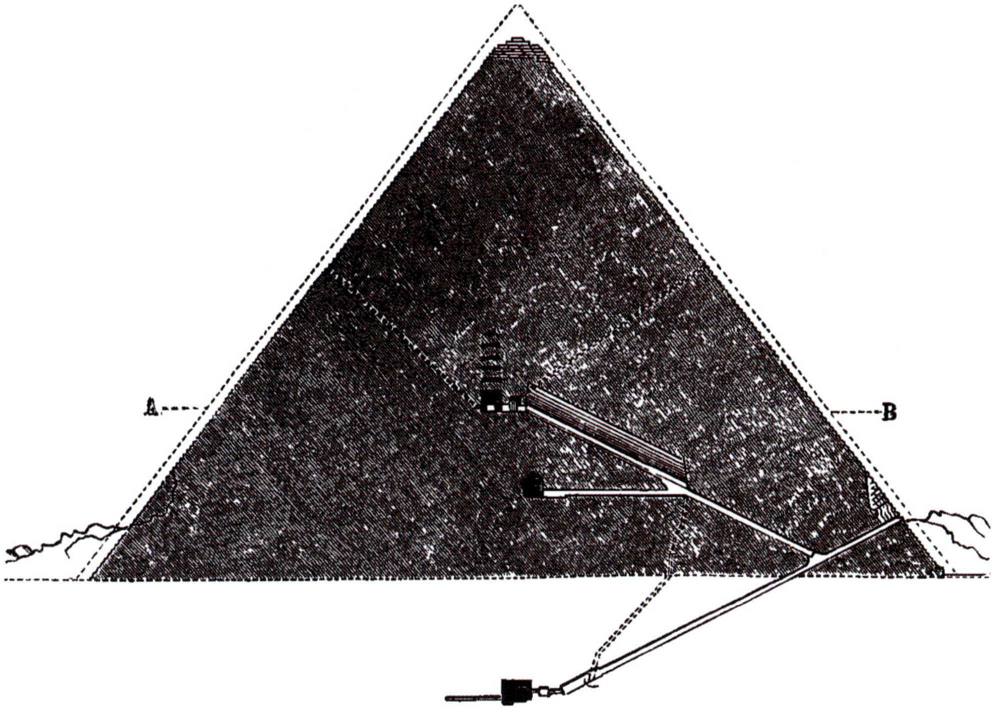

위쪽 : 기자의 대피라미드 단면

왼쪽 : 고대 이집트의 피라미드보다 앞선 무덤 양식인 마스타바(mastaba)의 예

오른쪽 아래 : 레오나르도 다빈치가 그린 '스텔라 옥탄굴라(Stella octangula)' 는 루카 파치올리(Luca Pacioli)가 쓴 '데 디비나 프로피오네(De Divina Proportione)' 의 황금비를 보여주는 작품으로 1509년 베니스에서 출간됐다.

표면으로 덮여 있었다. 기자의 대피라미드 표면은 모든 것 중에서 가장 윤이 나고 빛을 많이 반사하는 것을 목표로 했고, 사막의 별처럼 빛난다고 전해진다. 그래서 고대 이집트인들은 그것을 '영광스러운 빛'을 의미하는 이케트(Ikhet)라고 불렀다.

헤미우누의 가장 영향력 있는 유산은 기자 피라미드의 비율이다. 대피라미드의 치수는 예술과 자연의 미와 완벽함에서 파생된 수학적 원리인 황금비와 밀접하게 일치한다. 고대 이집트가 멸망한 지 오랜 후, 여기서 적용된 황금비는 고대 그리스인들을 매료시켰다. 심지어 르네상스 시대에 레오나르도 다빈치(Leonardo da Vinci)도 모나리자(Mona Lisa)를 황금비에 기반하여 제작했다. 만약 헤미우누, 그는 아마도 건축을 통해 아름다움, 질서, 완벽에 대한 인류의 지속적인 추구를 공식화한 최초의 건축가일 것이다.

비트루비우스 폴리오

이탈리아 기원전 80–70년~15년

대표작 :
파노 바실리카

건축 양식 :
고전 로마양식

위쪽 : 비트루비우스

"극히 소수의 책이 세상을 바꿨다. 성경, 특히 킹 제임스 판본이 그렇다.
종의 기원, 공산당 선언, 영어 사전 역시 여기에 포함된다."

여기에는 세간에 잘 알려지지 않은 작품도 있다. 기원전 15년 완성되어 카이사르 아우구스투스(Caesar Augustus) 황제에게 바친 이래, 중대한 논쟁을 일으킨 논문이다. 이 작품은 이후 건축이 고수해 온 기본 원칙들을 정립하게 된다.

지금은 건축 10서로 더 잘 알려진 *De Architectura libri decem*은 지금까지 쓰여진 건축학 서적 중 가장 영향력 있는 책이다. 이 책의 저자는 로마의 건축가이자 군사 기술자로, 건축의 기초가 되어야 할 규칙과 원칙을 처음으로 성문화하려고 시도했다. 마르쿠스 비트루비우스 폴리오(Marcus Vitruvius Polio)는 로마군에서 기술자로 복무하면서, 처음에는 전투용 대포류를 설계했다. 그 당시 군사 기술자가 건축가를 겸하는 것은 그리 특이한 일은 아니었다. 로마 제국의 건축은 건설관리(CM), 도시계획, 토목공학, 기계설계를 포함한 다양한 기술 분야를 포함하는 광범위한 용어였기 때문이다.

그러나 비트루비우스가 주로 관심을 보인 것은 건물들이었다. *De Architectura*에서 그는 건물을 어떻게 설계해야 하는지에 대한 지침을 제시하였다. 1권부터 6권까지는 건축과 도시계획(town planning)을 직접 다루고 나머지 4권은 관개 및 수리체계(irrigation), 기계, 회반죽 미장공사 등 좀 더 평범한 분야를 탐구한다. 비트루비우스는 건축이 어떻게 질서 체계(order), 공간 배치, 인체를 닮은 비례로서의 대칭, 건축을 구성하는

아래쪽 : 로마의 판테온은 비트루비우스에 의해 처음 정립된 건축적 원리에 영감을 받았다.

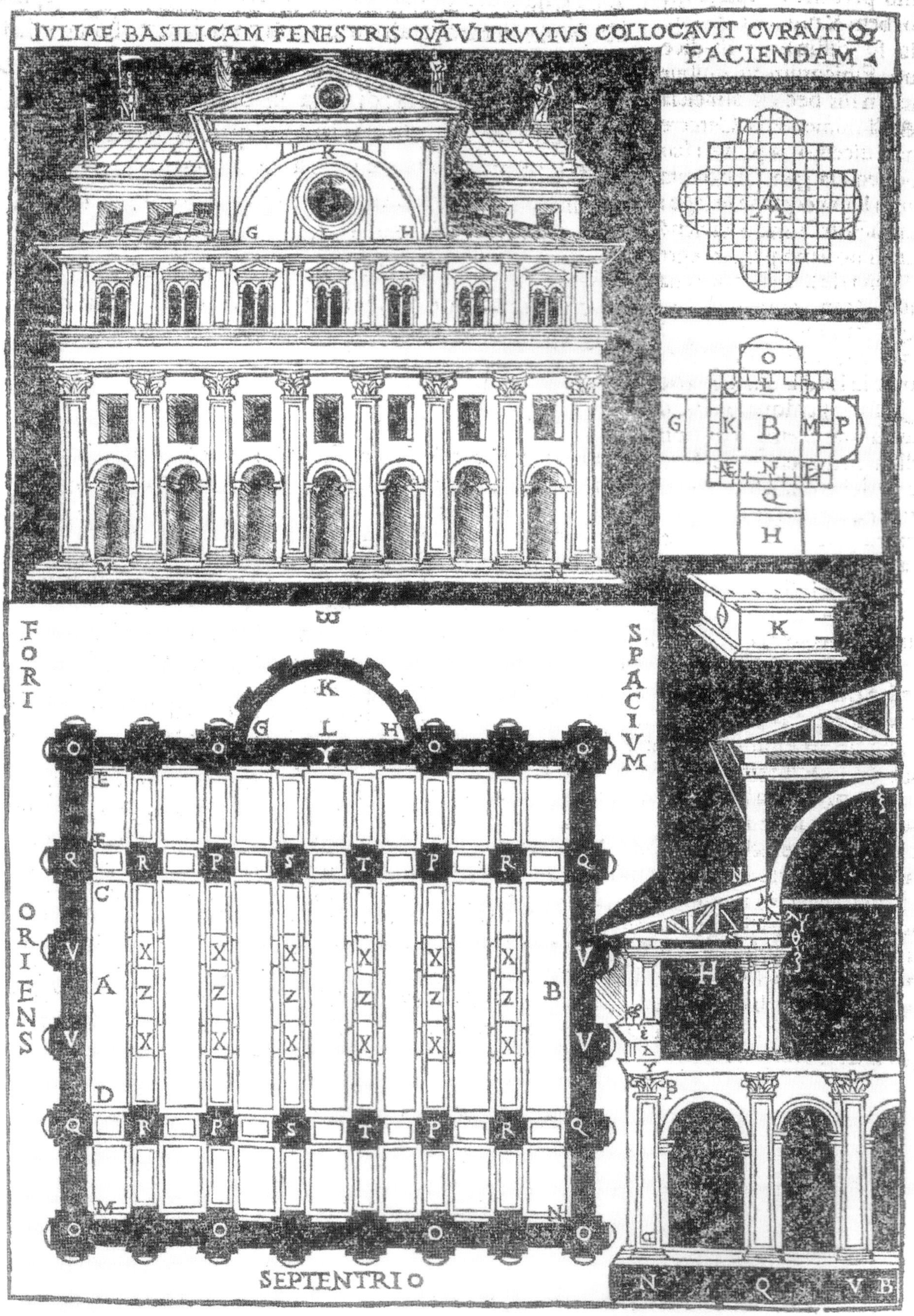
IVLIAE BASILICAM FENESTRIS QVĀ VITRVVIVS COLLOCAVIT CVRAVITQ; FACIENDAM
FORI
SPACIVM
ORIENS
SEPTENTRIO

요소들의 균형, 비율과 같은 것들의 이해를 통해 미적 아름다움을 이룰 수 있는지를 정의하려고 시도하면서 과학에 거의 근접한 이론적 정확성을 가지고 작업을 진행했다.

1권에서 가장 유명한 구절로, 비트루비우스는 모든 건물에는 세 가지 핵심적 요소, 즉 강함(firmitas;strength;,强) 유용함(utilitas;utility;用) 아름 다움(venustas;beauty;美)이 있어야 한다고 주장했다(이는 학자들에 의해 견고함(firmness), 편리함(commodity), 기쁨(delight)으로 업데이트되었다). 2천 년 후, 이 발췌문은 전 세계의 건축학 학생들에게 친숙한 내용이 되었다. 이는 비트루비우스가 많은 청중을 위해 복잡한 생각들을 명확하고, 실용적으로 추출했음을 보여준다.

건축, 서구 문명과 세계 문화에 대한 *De Architectura*의 영향력은 과장할래야 과장할 수 없다. 비트루비우스 사후, 판테온(Pantheon), 포로 로마노(Roman Forum), 디오클레티아누스 욕장(Baths of Diocletian)과 같은 많은 로마의 상징적인 건물들이 그의 책의 원칙에 따라 설계되었다. 비트루비우스의 작업은 필리포 브루넬레스키(Filippo Brunelleschi, p.20), 안드레아 팔라디오(Andrea Palladio, p.32), 이니고 존스(Inigo Jones, p. 36)를 포함한 르네상스와 고전주의 건축의 위대한 인물들에게 영향을 미쳤다.

레오나르도 다 빈치(Leonardo da Vinci) 역시 비트루비우스에게 사로잡혔다. 1490년 비트루비안 맨(Vitruvian Man)에서, 다 빈치는 비트루비우스의 대칭과 비례의 원리를 인간의 신체라는 가장 위대한 예술 작품에 수학적으로 적용했다.

이러한 원칙들은 15세기에서 19세기의 신고전주의 양식 운동에 영감을 주었고 20세기 후반과 21세기 초의 포스트모던과 고전주의와 이어진 새로운 이념을 추동하는데 원동력이 되었다. 영국 건축의 가장 유명한 서적 중 하나인 콜린 캠벨(Colen Campbell)의 비트루비우스 브리타니쿠스*(Vitruvius Britannicus; 영국의 비트루비우스)*(1715-25)는 로마의 선조에게 직접 영감을 받아 바로크 건축에서 과잉된 감정을 제거하려고 하였다. 이를 위해—비트루비우스로부터 영감을 받은—팔라디오(Palladio)식 순수성이 지향하는 이상들을 기준으로 삼았다. 책은 곧 덴마크어로 출판되었고, 합리성과 질서 모두를 추구하는 비트루비우스적인 계몽주의 시대에 지적으로 정착되었다.

왼쪽 : 비트루비우스의 파노 바실리카 도면

오른쪽 : 레오나르도 다 빈치는 비트루비우스의 작품에서 영감을 받아 비트루비우스의 대칭 원리를 인체에 적용했다.

비트루비우스의 이상은 주로 고전 건축과 관련되었지만, *De Architectura*의 내용은 엄밀하고 정교하게 관찰된 빛과 움직임 같은 공간적이고 미적인 일반성에도 초점을 두고 있다. 이를 통해, 비트루비우스는 어떤 양식에도 적용될 수 있는 이상적인 체계를 확립했다. 이 책은 승강 장치(hoist), 크레인(crane), 건축 설비, 음향, 배관, 수도관, 증기기관, 측량 도구, 심지어 중앙난방 등의 초기 설계를 포함한 획기적인 공학적 결과물이기도 하다.

비트루비우스가 많은 설계를 통해 자신의 생각을 정립하거나 표현했는지는 알 수 없다. 그의 유일하며 주요한 건축 의뢰작인 이탈리아 파노의 바실리카는 오래전 소실되어 알려진 바가 거의 없다. 그가 *De Architectura*의 생각 모두를 발명한 것 역시 아니었다. 고전적 오더와 기계공학 같은 주제에 있어서는 기존의 확립된 이론에 의존했다. 이런 측면에서 비트루비우스는 창조자라기보다는 분류자이다. 그러나 비트루비우스는 역사상 처음으로 건축을 지적으로 성문화하려 시도했고, 그의 작업이 향후 2천 년간 인류 문명에 반영될 많은 미학적 원리들을 확립했다는 점은 의심의 여지가 없다.

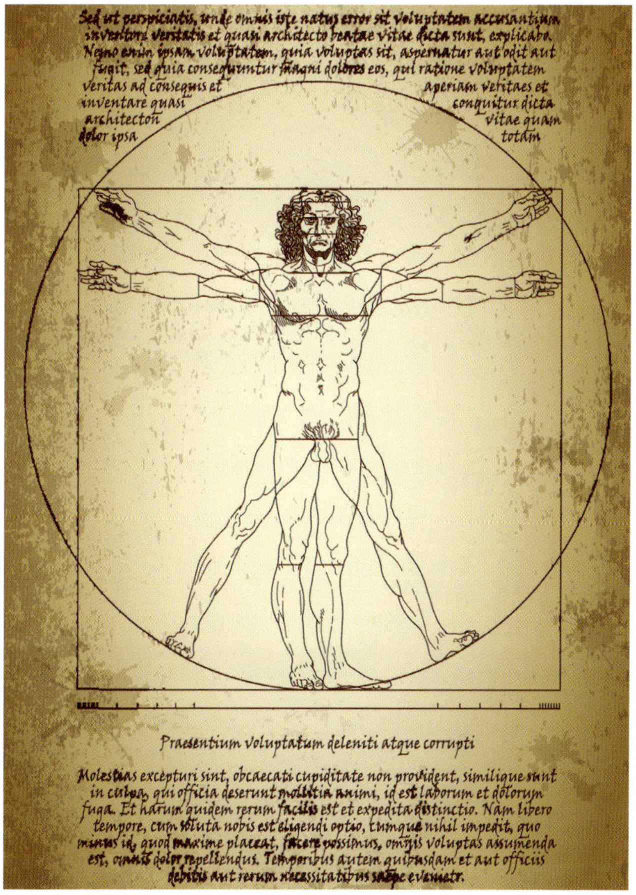

헨리

예벨

영국 1320년–1400년

대표작 :
웨스트민스터 사원, 터베리대성당

건축 양식 :
고딕 양식

위쪽 : 헨리 예벨을 묘사한 것으로 여겨진 돌기장식

그는 다작과 성공의 측면에서 영국 중세시대 가장 두드러지는 마스터 메이슨(석공의 우두머리)이였다. 19세기 고딕 리바이벌(Gothic Revival) 양식이 유행하던 시기에, 그의 작업은 영국 문화에 대한 인식과 국가 정체성의 표현으로서 고딕 건축 개념을 정립하는 데 일조했다.

고딕 양식은 12세기 초 프랑스에서 유래했다. 로마네스크(Romanesque)로부터 변화를 주면서 프랑스 왕실의 야망을 투영하기 위한 예술 사조로 발전해갔다. 대부분 종교건축과 연관되어 있었고 유럽 전역에 걸쳐 번성했다.

로마네스크가 둥근 아치(round arch), 작은 창문, 두꺼운 벽, 그리고 화려하지 않은 장식을 특징으로 한다면, 고딕은 뾰족아치(pointed arch)에서 특징적인 주제를 찾았고 더 큰 창문, 더 가벼운 벽, 그리고 과시적인 장식을 받아들였다. 특히 신(God)과 구조(structure)라는 두 가지 요소가 양식을 정의했다. 뾰족아치는 천국을 가리키는 상징적인 화살표였다. 고딕 양식의 교회

오른쪽 : 웨스트민스터 수도원의 네이브

왼쪽 : 쥬얼 타워(Jewel Tower). 중세 웨스트민스터 궁전에서 유일하게 남아있는 두 구역 중 하나로 헨리 예벨이 설계한 것으로 여겨진다.

(church)와 대성당(cathedral)은 천상의 창공을 향해 인류를 고양하는 수단이 되었다. 이를 위해 고딕의 종교건축은 황홀경에 빠져 높이를 추구하였다. 높이와 빛을 달성하기 위해, 고딕 양식은 구조적 기술력을 극한으로 응집하는 작업이 되어갔다. 아주 높은 천장을 지탱하는 정교한 볼트(vault) 작업과 스테인드글라스(stained-glass)를 위해 거대한 창들이 있는 얇은 벽을 안정적으로 지탱하기 위한 플라잉 버트레스(flying buttresses)를 적용했다.

1357년 흑태자(Black Prince)는 케닝턴(Kennington) 저택의 큰 홀의 재건을 위해, 당시 성공한 석공이었던 예벨을 임명했다. 예벨은 그 때 이미 영국에서 확고하게 정착된

위쪽 : 캔터베리 대성당의 회랑

오른쪽 : 캔터베리 대성당의 인상적인 야간 입면

고딕 운동을 잘 알고 있었으리라 예상된다. 하지만 3년 뒤, 흑태자의 아버지 에드워드 3세(Edward III)가 예벨을 왕실의 모든 공사를 책임지는 석공기술자(설계자)로 임명하면서부터 예벨의 경력은 날아오르기 시작했다.

예벨은 런던 타워(Tower of London), 웨스트민스터 홀(Westminster Hall), 웨스트민스터 궁전을 포함한 다양한 왕실 건물 작품을 리모델링했고, 더럼대성당(Durham Cathedral), 사우샘프턴 카리스브룩(Southampton Carisbrooke), 윈체스터(Winchester) 성에 대한 보수와 증축을 감독했다. 그리고 왕족과 귀족을 위한 무덤을 설계했다.

예벨의 오랜 경력에는 이후 오랫동안 영향력을 발휘하게 될 두 가지 영역을 미칠 두 가지 분야가 있다. 첫 번째는 1378년 왕실 소속의 작업장을 건립하면서 확인할 수 있다. 예벨은 조적 작업을 하던 석공 기술자의 후임이었다. 이 기관은 이후 400년 동안 영국 왕실 및 공공 건축의 가장 위대한 작품 중 몇몇을 제작하게 된다.

두 번째는 규모가 큰 작업장을 감독하면서 건물 건설에 그치지 않고 개념의 건축적 구현과 설계를 담당하는 역할을 수행했다는 점이다. 예벨은 전통적인 중세의 마스터 메이슨의 역할을 재정의했다. 건축가를 장인에서 예술가로 변화시키는 데 있어서, 예벨은 중세와 르네상스 시대 사이의 격차를 해소하는데 이바지했다.

예벨이 남긴 문화적 유산은 그가 직접 만든 양식으로 환원된다. 그의 대표적 건축 경력은 성공회 교회 내 두 개의 출중한 건물과 두 개의 중세 기독교에서 가장 중요한 고딕 건축물인 웨스트민스터 수도원, 캔터베리대성당이다. 웨스트민스터에서 예벨은 헨리 3세(Henry III)의 죽음 이후 완성되지 않던 네이브(nave)를 완성했고, 캔터베리에서는 수십 년 동안 폐허가 된 오래된 로마네스크 양식의 네이브를 재건했다.

영국의 대성당은 본당 평면의 길이가 긴 것으로 유명했고(윈체스터는 유럽에서 가장 긴 고딕 양식의 대성당으로 남아 있다), 프랑스의 대성당은 엄청난 높이로 유명했다. 웨스트민스터에서, 예벨은 두 가지 전통을 결합하여 영국에서 가장 높은 네이브를 만들면서(31m;102ft), 영국고딕의 장식적인 특징의 전형을 보여준다. 이 건물의 내부는 황금색으로 칠한 장식리브 볼트(lierne vault)가 자아내는 장관과 반짝이는 퍼벡(perbeck) 대리석 피어(pier)6)를 통해 매우 특징적인 모습을 보여준다.

예벨은 캔터베리에서 더 나아갔다. 여기서 그는 장엄한 네이브의 놀라운 균일성과 장식적 일관성을 구현하면서 평 아치(flat arch)와 극도로 복잡한 기하학을 같이 사용하는데, 이 건축물은 영국식 고딕건축의 마지막 단계의 특징인 직교체계가 확인되는 초기 사례가 된다. 두 건물 모두 영국 고딕 건축의 원형으로서, 고딕 양식을 영국인의 국가관에 정착시키는 데 보탬이 되었다. 고딕 양식은 19세기 문화에 심오한 영향을 미쳤다. 빅토리아 시대 고딕양식은 환상적인 형태를 통해 중세 유물에 대한 매우 이상화되고 낭만적인 관점을 표현하면서, 당시 영국의 새로운 국가 정체성에 부합하는 공학적 역량과 영적 순수성이 자랑스러운 역사적 선례에 기반하고 있음을 보여주는 증거가 되었다. 고딕 건축이 프랑스에서 유래했음에도, 동요에서부터 할리우드(Hollywood)에 이르기까지 중세 영국을 성, 대성당, 기사도와 총안이 있는 벽(crennelation)으로 이뤄진 평온한 땅으로 보는 대중적인 인식을 불러일으켰다.

필리포 브루넬레스키

이탈리아 1377년–1446년

대표작 :
피렌체 대성당, 산 로렌초 성당, 산토 스피리토 성당

건축 양식 :
이탈리아 르네상스

위쪽 : 필리포 브루넬레스키

인물 하나가 건축 운동의 시작점이 되는 경우가 아주 드물지만 존재한다. 발터 그로피우스(Walter Gropius)가 바우하우스(Bauhaus)를 설립했을 때, 안드레아 팔라디오(Andrea Palladio)가 사후 팔라디오주의(Palladianism)에 영감을 주었을 때, 이니고 존스(Inigo Jones)가 영국에 고전주의를 일으켰을 때가 그러하다. 그러나 그중 누구도 르네상스 건축의 출중한 창시자, 피렌체의 천재 필리포 브루넬레스키가 일으킨 것과 같은 강한 충격을 일으키지는 못했다.

위쪽 : 이탈리아 피렌체의 산 로렌초 성당 내부

브루넬레스키는 종교개혁, 계몽주의 시대와 현대 사회를 이끄는 예술과 건축 사조를 정립하는데 중추적인 역할을 했을 뿐만 아니라 예술가, 기술자, 조각가, 시계제작자, 금세공인, 수학자, 선박 설계자이기도 했다. 고대 그리스는 서양 문명의 발상지였다면, 브루넬레스키와 그의 후계자들은 14세기 이탈리아가 서구 문명의 요람이 되도록 했다.

브루넬레스키는 피렌체의 부유한 가정에서 태어났다. 수학 교육을 받았고 처음에는 조각가로서 예술에 이끌렸다. 비록 브루넬레스키가 피렌체의 교회를 위한 의뢰로 조각작업을 수행하는 동안 건물을 설계하지는 않았지만, 이때 브루넬레스키가 곧 자신의 작품으로 만들 르네상스의 강령을 미리 맛볼 수 있었다. 조각작업을 통해 브루넬레스키는 평생 후원자가 될 메디치 가문과 건축계의 주된 라이벌이 될 로렌초 기베르티(Lorenzo Ghiberti)에게 이름을 알리게 된다.

중세 문화는 비잔틴 미술과 고딕건축에 의해 지배되었다. 둘 다 형식 그 자체에 집중하며 우상파괴적(iconoclastic)인 방식으로 인물과 장식을 묘사하는 경향이 있었다. 그러나 14세기 말 고대 그리스와 로마의 사실적인 묘사에 대한 관심이 다시 늘어나고,

위쪽 : 피렌체 대성당의 돔(DOME). 피렌체의 스카이라인(SKYLINE)을 압도한다.

그리스 로마 건축을 고전건축(Classic)으로 격상하면서, 르네상스로 이어질 수정주의의 씨앗을 뿌렸다.

브루넬레스키는 이러한 발전에 예술적으로 대응하여 유럽 회화에 혁명을 일으켰다. 그는 실험을 통해 예술에서 사실적 표현이 '물체가 멀어지면서 작아 보이게 된다'는 원리에 근거할 때 가능하다는 결론을 내렸다. 서양 예술에 원근법을 도입함으로써, 브루넬레스키는 문명이 세상을 묘사하는 방법을 변화시켰다. 유사하게 브루넬레스키가 작업하고 있던 좀 더 표현적이고 장식적인 조각은 그가 건축에서 사용할 주제들에 대한 토대를 제공했다. 이는 건축적 소양의 형성기에 로마를 방문하면서 더욱 강화되었다. 당시의 로마는 대부분 폐허였지만 말이다.

브루넬레스키가 양식적 전략을 건축적으로 전개한 최초의 건물은 1419년에서 1445년에 지어진 피렌체의 파운들링(Foundling) 병원이었다. 이 건물은 둥근 아치, 아케이드식 로지아(arcaded loggia), 단순한 장식, 페디먼트(pediment) 창, 코린티안 오더를 갖추고 중세 고딕 양식을 배척하고 눈에 띄게 고전시대의 유물로 거슬러 올라간다. 파운들링 병원은 로마의 몰락 이후 피렌체에서 건축한

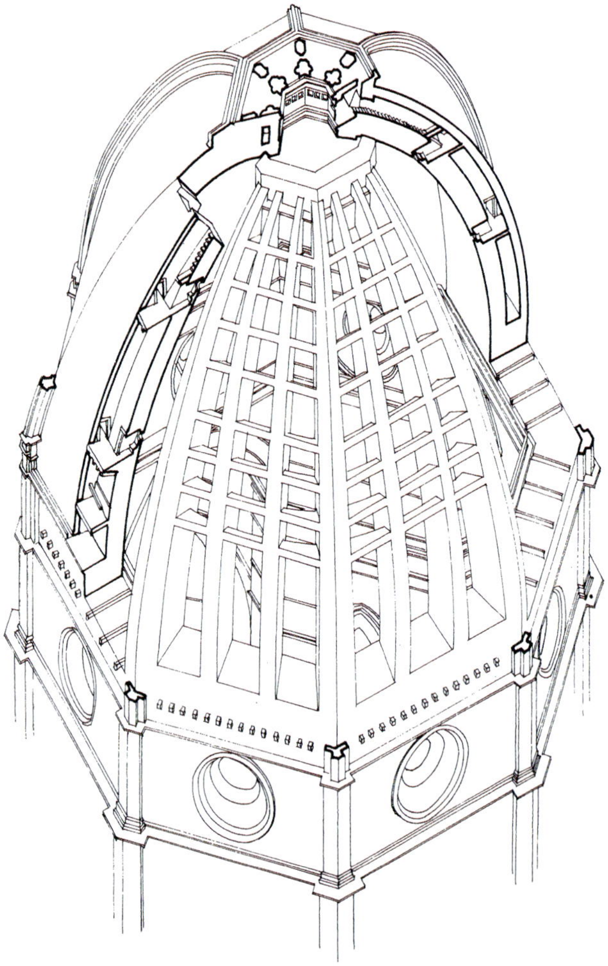

첫 번째 고전적 양식의 건물로 돌풍을 일으켰다. 현재 이 병원은 유럽 최초의 르네상스(Renaissance) 건물로 널리 받아들여지고 있으며, 브루넬레스키의 이후 경력을 정의하는 양식적 선례가 되었다. 또한 200년 동안 유럽 대륙을 가로지르는 르네상스 건축의 모범이 되었다.

많은 의뢰가 뒤따랐고, 대부분 예배당에 대한 의뢰였다. 그러나 브루넬레스키의 가장 유명한 작품은 르네상스 건축의 국제적인 본보기가 된 피렌체 대성당의 돔이었다. 피렌체 대성당은 1296년에 착공했는데, 산타마리아 델 피오레(Santa Maria del Fiore)라고도 부른다. 1418년에 돔을 제외하고는 완성된 상태에서 브루넬레스키가 경쟁자인 기베르티를 제치고 돔의 완성을 책임지게 되었다.

문제는 도시의 전 마스터 메이슨이었던 네리 디 피오라반티(Neri di Fioravanti)가 설계한 돔의 시공이 불가능하게 보였다는 점이다. 네리의 디자인은 외부 직경 54m(177피트)와 바닥 위 밑면 지름 52m(170피트)으로 된, 지금까지 본 중 가장 높고 넓은 돔을 요구했다. 그러나 고딕 양식은 매우 엄격하게 제한되었다. 시 당국은 돔의 구조를 지탱할 수 있는 플라잉 버트레스를 고딕 건축을 떠올리게 한다는 이유로 못 쓰게 했다.

브루넬레스키의 해결책은 기발했다. 그는 두 개의 벽돌 돔을 지었는데, 최대 폭 0.6m(2ft)의 두꺼운 내부 돔과 쉘(shell) 역할을 하는 테라코타(terracotta) 타일로 덮인 얇은 외부 돔이었다. 이 돔들 사이에 계단을 삽입하여 꼭대기의 랜턴(lantern)에 닿을 수 있게 해주었다. 계단은 돔의 엄청난 무게의 고른 분배를 보장하는 장치가 되기도 했다. 팔각형 형상의 돔과 하부의 퍼짐(spreading)을 막기 위한 체인으로 안정성을 높였다. 마지막으로, 헤링본(herringbone) 패턴으로 벽돌을 쌓으면서 조적조의 무게가

왼쪽 : 브루넬레스키가 그린 피렌체 대성당 돔 구조 그림

오른쪽 : 피렌체에 있는 파운들링 병원. 현재 유럽 최초의 르네상스 양식의 건물로 알려졌다.

수평-수직으로 잘 전달되어 비계 없이 조적 작업을 진행할 수 있었다. 브루넬레스키는 벽돌을 땅에서 들어 올리는 도르래도 디자인했다. 이는 500년 후에 현대식 기중기(cranes)과 승강기를 예고하는 것이었다.

4백만 개의 벽돌과 4만 톤(630만 스톤)의 무게가 나가는 피렌체 대성당의 돔은 세계에서 가장 큰 벽돌 돔으로 남아있다. 혁명적인 트윈 돔(twin-dome)과 체인 링 구조는 파리의 앵발리드(Les Invalides)부터 워싱턴 DC(Washington DC)의 국회의사당 돔에까지 영향을 미쳤다.

출처가 불분명한 이야기에 따르면 브루넬레스키는 달걀을 테이블에 떨어뜨려 아래쪽 절반이 부서져도 위쪽 껍질이 견딜 수 있다는 것을 증명하여 위원회의 선택을 받았다고 한다. 서양 미술과 건축의 진로를 바꾼 위대한 인물도 유머 감각이 있음을 알게 되니 마음이 좀 놓이기도 한다.

콰이 샹(괴상)

중국 1398년-1491년

대표작 :
자금성(The Forbidden City)

건축 양식 :
명나라

위쪽 : 영락제(본명 추 디)

15세기 유럽이 르네상스와 함께 문화적 재각성을 경험하는 동안, 중국 역시 진보, 확장, 발전의 시기를 겪고 있었다.

1368년 몽고 제국(Mongols)의 쇠퇴 이후 명나라가 뒤를 이었다. 명 왕조는 몽골의 침략으로 야기된 정치 및 행정의 퇴보, 문명의 쇠퇴, 인구감소를 필사적으로 되돌리기 위해 개화적 조치를 문화 영역에서 단행했다.

이러한 국가 재건의 일환으로, 명나라 3대 통치자인 영락제 추 디(Zhu Di, 주체. 콰이 샹(괴상)의 초상화가 없어 이를 대체함)는 많은 대규모의 전략적인 건설 계획에 착수했다. 난징(Nanjing)에 세계에서 가장 큰 부두를 지어, 중국에서 으뜸가는 도시로 만들었다. 일부 자료들에 의하면 당시 세계에서 가장 큰 도시로 묘사되었다. 난징에서 출발한 방대한 해양 탐험대는 유럽과는 다른 방식으로 움직였다. 이들은 정복과 식민지화가 아닌, 중국의 권력, 영향력, 위신을 떨치기 위해 전 세계를 항해했다.

유서 깊은 독재 전통에서, 황제는 더 많은 것을 원했다. 1417년 영락제는 전례 없는 화려함으로 베이징을 재건한 후, 수도를 베이징으로 이전할 계획을 세웠다. 도시는 격자형 블록을 규칙적으로 배열하여 계획되었고, 외곽은 15km(9.3마일)의 벽을 새로 지어 둘러쌌다. 선박으로 증가하는 도시인구가 먹을 곡물을 운반할 수 있도록 대운하(Grand Canal)는 더 깊게 수심을 확보하며, 더 많이 확장되었다.

영락제가 세운 계획의 핵심은 자금성 중앙에 광대한 새 황궁을 건설하는 것이었다. 버킹엄(Buckingham) 궁전과 베르사유(Versailles) 궁전을 합친 것보다 더 큰 약 200에이커에 걸쳐 자금성은 세계에서 가장 큰

아래쪽 : 베이징의 자금성 입구

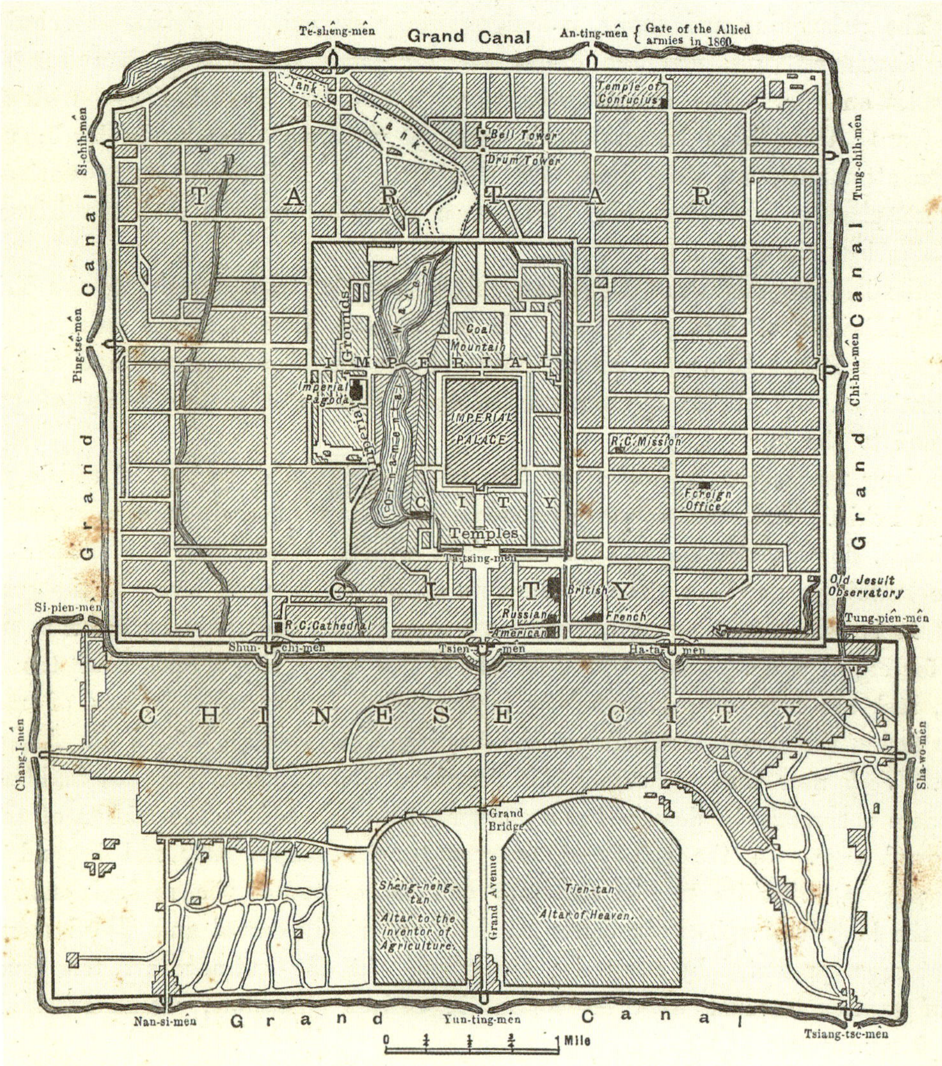

PLAN OF PEKIN.

위쪽 : 자금성이 주변에서 어떻게 위치하는지 보여주는 베이징의 평면도

오른쪽 : 이화원(the Summer Palace)의 탑

궁전 계획으로, 중국 문화와 정체성의 강력한 세계적 상징으로 남아있다. 중국 역사상 가장 권위 있는 계획에 선정된 건축가는 콰이 샹(괴상)이라고 불리는 젊은 기술자였다.

샹은 중국 동부 장쑤성(Jiansu)의 수커우(Xukou)에서 태어났다. 샹의 젊은 시절에 대해서는 알려진 바가 거의 없지만, 그는 목공과 공예로 유명한 샹산(Xiangshan)에서 자랐다. 샹의 기술은 30대 초반에 이미 대단해서 오늘날에도 여전히 존재하는-많이 바뀌긴 했지만-지역 장인 협회인 샹산 목수협회의 수장에 오를 수준이었다고 전해진다. 이 자격으로 황제에게 눈에 띄었고, 황제는 북쪽 베이징으로 가서 황제를 위한 새 궁전을 지으라고 샹에게 명령했다.

그것은 엄청난 사업이었다. 공사는 14년 동안 계속되었고, 10만 명 이상의 장인과 백만 명에 이르는 노동자가 참여했다. 그러나 그 결과는 중국 전통

건축의 상징적 표상이자, 향후 500년 동안 중국 황실 통치의 수뇌부로 사용될 건축물이었다. 샹은 내궁과 외궁 주변에 기념비적인 홀과 사당들을 배치했다. 외궁에는 웅장한 공공 건물을 두고, 내궁은 더 사적인 왕실 숙소로 이어졌다.

대표적인 사당은 금색 기와로 둘러싸인 거대한 경사 지붕을 자랑하며 대리석 주춧돌 위에 정교하게 조각된 나무 받침대로 지지하고 있다. 광대하게 연속되는 안뜰로 둘러싸여, 기와와 받침대 모두 천문학적인 원칙에 따라 완벽한 대칭으로 정렬되어 있다. 샹은 전통적인 중국 선례를 혼합하고 엄격한 도교 원칙을 따랐지만, 도시의 권위적인 규모와 구성은 전부 그가 직접 만든 것이었고, 중국의 역사적 건축물이 더 넓은 세계에 인식되는 일반적인 문화적 기준점이 되었다.

아래쪽 : 자금성 내 출입구의 세부 양식

시난

프랭크 로이드 라이트(Frank Lloyd Wright)는 겸손함을 몰랐다. 그가 역사상 유일하게 알 만한 가치가 있는 건축가 두 명이 자신과 미마르 시난이라고 말했을 때, 그 자신을 제외한 나머지 한 사람에 대한 관심이 자연스럽게 고조되었다.

터키 1489년–1588년

대표작 :
쉴레마니예 모스크, 셀리미예 모스크, 세흐자데 모스크

건축 양식 :
고대 오스만 제국

위쪽 : 미마르 시난

시난의 이름은 서양 독자들에게 친숙한 이름은 아니지만, 그는 역사상 가장 영향력 있는 건축가 중 한 명이다. 그는 오스만 제국의 절정기에 터키, 동유럽, 중동에 있는 거의 400개의 종교적, 또는 세속적인 건물들을 설계하면서, 콘스탄티노플(Constantinople; 현재의 이스탄불(Istanbul))의 스카이 라인을 오늘날 우리가 인식하는 돔과 미나렛(minaret: 이슬람식 첨탑)의 향연으로 재구성했다.

오스만 고전 시대의 가장 위대한 건축가이자 미켈란젤로(Michelangelo)와 동시대 건축가로서, 시난은 기독교와 이슬람 세계를 통합한 건축을 가능하게 하는데 결정적 역할을 했다. 그는 두 문화의 영향을 받은 화려한 모스크를 설계했고, 빛과 그림자 사이의 단순한 공간적 상호작용으로 비잔틴 양식을 새롭게 발전시켰다. 이는 수 세기 후 르 코르뷔제(Le Corbusier)에 깊은 영향을 미치게 된다. 시난의 영향력은 매우 컸다. 그는 오스만 제국과 그 너머에 걸친 여러 지역 출신의 견습생을 가르치며, 그의 영향을 확장했다. 그중 한 명인 우스타드 아흐마드 라호리(Ustad Ahmad Lahori)는 타지마할(Taj Mahal)을 지었다.

시난은 터키 중부의 아지르나스(Agirnas)에서 석공의 아들로 태어났다. 시난의 유산을 특징지을 수 있는 다문화 간 교류의 흔적으로, 그의 출신에 대한

아래쪽 : 에디르네(Erdine)에 있는 셀리미예 모스크, 그 앞에 건축가 동상이 있다.

기록을 들 수 있다. 그는 아르메니아인, 알바니아인, 그리스인, 터키인 출신으로 다양하게 묘사되는데, 확실한 것은 기독교인으로 태어나 20대에 오스만 군대에 징집되면서 이슬람으로 개종했다는 점이다. 군에서 아버지 밑에서 배웠던 목공과 석공 기술은 정식 기술교육과 건축적 훈련을 거치며 더욱 깊어졌다.

시난의 건축 경력은 그가 모셨던 그랜드 비지어 파샤(Grand Vizier Pasha)가 그를 이스탄불의 모든 주요 기반 시설과 제국 사업의 건설과 감독을 위한 수석 건축가로 임명했던 50세 전후가 되어야 꽃피기 시작했다. 그는 이 직책에서 시난은 도로, 수로, 교량, 작은 모스크, 학교, 저택, 목욕탕, 병원과 정부 건물을 설계했다. 시난이 술탄 쉴레이만 1세의 아들 중 한 명이 사망한 것을 기리기 위한 거대한 모스크에 관한 첫 번째 주요 임무를 받았을 때, 그의 선구적인 재능은 주목을 받았다.

세흐자데 모스크(Şehzade Mosque, 1548)는 시난이 그의 경력과 유산을 규정하기 위해 설계한 3개의 거대한 이스탄불 모스크 중 첫 번째 모스크이다. 오스만 모스크 건축의 확립된 주제를 기반으로 돔, 반원형 돔(semi-dome), 미나렛, 중정이 활용되고 있으며, 이는 동시에 비잔티움 선례에 따라 양식 및 기능적으로 지어졌다. 이러한 성격은 537년에 지어진 하기아 소피아 모스크(Hagia Sophia mosque)에 의해 정립되었다. 이 건물은 완공 당시 세계에서 가장 큰 건물이었고, 여전히 이 도시의 가장 우선적인 종교적, 문화적 상징이다.

아래쪽 : 이스탄불에 있는 쉴레마니예 모스크

위쪽 : 세흐자데 모스크 안의 돔 내부.

그러나 시난의 작품에는 다른 것들과 구분되는 차이점들이 있다. 세흐자데의 내부는 갤러리가 없는 하나의 거대한 개방된 공간으로, 르 코르뷔제에게 깊은 인상을 줄, 그림자의 상호 작용으로 더욱 극적인 내부를 조성한다. 최대한 많은 빛을 받아들이면서 돔을 지탱하기 위해, 버팀벽은 벽 뒤에 숨겨져 있고, 벽 바깥쪽은 열주를 두어 버팀벽이 눈에 뜨이지 않는다.

7년 후, 시난의 가장 유명한 작품이 나왔다. 이스탄불의 쉴레마니예 모스크(Süleymaniye Mosque, 1557)는 돔을 지탱하는 교각을 사용하지 않고 훨씬 더 큰 규모로 구상하여 세흐자데에 배치된 주제를 통합해 보다 통일된 내부 공간을 담보한다. 중정은 대리석과 화강암으로 화려하게 덮은 정교한 열주로 된 페리스타일과 함께, 모스크의 넓은 기하학적 구성 안에서 완벽한 대칭을 이룬다.

그러나 시난의 가장 위대한 업적으로 여겨지는 것은 에르딘(Erdine)에 있는 셀리미예 모스크(Selimiye Mosque, 1574)이다. 여전히 이슬람 세계에서 가장 높은 83m 높이의 미나렛 4개가 있는 이 건물은 이슬람 건축의 걸작이다. 여기서 내부 통일성, 공간 구성, 기하학적 정확성, 구체 상호작용, 구조적 조화의 주제가 눈부신 결실을 맺었다. 시난의 초기 작품인 많은 돔과 반원형 돔은 하나의 거대한 돔으로 대체되었고, 시난이 이룬 통일된 내부 구조를 나타낸다.

시난의 이슬람식 돔과 르네상스 유럽의 기독교식 바실리카의 공통점은 매우 뚜렷하여 이를 보지 않는 것은 불가능하다. 버팀벽, 기둥, 아치 그리고 기하학과 관련하여 그가 직면한 구조적 도전은 미켈란젤로, 브라만테(Bramante), 렌(Wren)이 고민했던 것과 동일했다. 시난은 군대에서 보낸 젊은 시절 유럽을 여행하며 르네상스의 산물을 많이 볼 수 있었다. 미켈란젤로와 레오나르도 다 빈치는 르네상스 고전 건축의 비잔틴 기원을 똑같이 알고 있었을 것이다. 시난의 작품이 이슬람 건축의 정점으로 당연히 서 있는 것은 맞지만, 그것이 서구 건축과 유지했던 교차문화적 관계를 잊어서는 안 된다.

안드레이
팔라디오

이탈리아 1508년–1580년

대표작 :
산 조르지오 마조레 성당, 바실리카 팔라디아나, 팔라초 델 카피타니아토

건축 양식 :
신고전주의 르네상스

위쪽 : 안드레이 팔라디오

세계화는 종종 최근의 현상으로 여겨지지만 그렇지 않다. 18세기 런던의 건축적 기원을 찾기 위해 우리는 16세기 이탈리아 북동부의 베네토 주, 특히 우아한 도시 비첸차로 여행을 가야 한다.

왜 일까? 르네상스 시대의 위대한 건축가 안드레이 팔라디오가 촉발한 팔라디오 운동이 18세기 전반 영국을 지배했기 때문이다.

팔라디오가 서구 건축물에 미친 영향을 과장할래야 할 수가 없다. 그의 생각은 영국뿐만 아니라 프랑스, 독일, 아일랜드, 미국, 그리고 그의 조국 이탈리아에서도 많은 독자를 얻었다. 이러한 생각 중 많은 것들이 수 세기에 걸쳐 끈질기게 다수의 사람들에게 스며들었다. 팔라디오 운동이 그의 이름을 따서 직접 지어졌다는 것은 건축계에서 보기 드문 명예로, 팔라디오의 생각이 얼마나 강하게 개인으로서의 팔라디오와 얽혀 있었는지를 보여준다.

팔라디오가 자신의 지적 충실함을 표명한 첫 번째이자 가장 놀라운 방법은 이름을 바꾸는 것이었다. 파도바(Padua)에서 태어난 안드레이 디 피에트로델라 곤돌라(Andrea di Pietro della Gondola)는 일찍부터 석재 가공에 관심을 가졌다. 근처의 비첸차로 이주한 그는 석공과 건축에 대한 도제 교육을 받으며 그의 또 다른 관심사인 고대 로마에 탐닉했다. 30세, 그의 첫 건축 의뢰는 고대에 열성적이었던 또 다른 학생인 지역 학자 잔 조르지오 트리시노(Gian Girgio Trissino)의 별장을

위쪽 : 베니스 해안가에서 바라본 산 조르지오 마조레(San Giorgio Maggiore)

재건해달라는 것이었다. 델라 곤돌라의 작품에 깊은 감명을 받은 트리시노는 그리스 지혜의 여신 팔라스 아테나(Pallas Athene)의 이름으로부터 영원히 잊히지 않을 이름을 그에게 부여했다. 팔라디오 주의(Palladianism)의 컬트적 추종이 탄생하는 순간이었다.

그 추종의 문화에서 고대, 특히 고대 로마는 도덕적, 문화적, 건축적 이상이었다. 팔라디오의 건축을 엄격한 고전적 규칙에 기반을 두고 있으며 비트루비우스의 영향을 많이 받았다. 그 역시 고전주의를 예측할 수 없는 세상에 질서와 합리성을 부여하는 수단으로 보았다. 그의 건물들은 고전 세계를 사로잡은 아름다움과 완벽함을 얻기 위한 노력의 일환으로 대칭, 원근법, 비례와 균형을 우선했다.

팔라디오의 죽음 이후 바로크 건축의 감정적인 과시는 팔라디오의 이상과는 거리가 멀었다. 보로미니(Borromini)와 베르니니(Bernini)의 떠들썩한 형제애가 모든 순간 멜로드라마와 혼돈을 추구하기 훨씬 전에, 팔라디오는 예절과 질서를 위해 노력했다. 이는 포르티코, 로지아, 기둥, 페디먼트와 돔의 조화를 통한 이성의 향유이며, 서로 완벽하게 일치하고 주변의

위쪽 : 18세기 비첸차에 있는 바실리카 팔라디아나(Basilica Palladiana)를 묘사한 판화

자연에 맞춰져 있었다.

그 결과 베네토 전역에 걸쳐 놀라운 건물들의 윤곽이 드러났다. 그 대부분은 현재 유네스코 세계문화유산으로 지정되었다. 1530년대 후반부터 죽을 때까지 팔라디오는 수십 개의 교회, 저택, 팔라초, 궁전과 별장을 지었고, 엄밀하고 정교하게 추구한 고전적인 이상에 따라 방들과 입면의 비율도 수학적 비율에 맞췄다. 팔라디오는 그의 철학의 많은 부분을, 그의 우상 비트루비우스처럼 종이에 써서 남겼다. 그의 주요 학문적 저작인 *I quattro libri dell' architettura* (건축 4서, 1570)는 후대에 엄청난 영향을 미친 작업이다.

가장 열광적인 독자들은 영국에 있었다. 영국은 팔라디오 주의가 두 번이나 유행했다. 17세기 초 이니고 존스는 팔라디오주의를 인용하면서 영국에 고전주의를 불러왔다. 그리고 한 세기 후에 콜린 캠벨(Colen Campbell)과 벌링턴 경(Lord Burlington)과 같은 젊은 급진주의자들은 바로크 시대의 터무니없는 과잉(처럼 보이던 것들)을 정화시키기 위해 팔라디오 주의를 이용했다. 사실 바로크는 팔라디오 주의와는 정서적으로 정반대(anathema)를 향하고 있었고, 팔라디오 주의의 가장 큰 라이벌이었다. 팔라디오의 작품이 연속적으로 부활하고 재평가된 배경에는 17세기 초와 18세기 유럽의 예술과 건축의 주류였던 바로크에 대한 반감이 자리하고 있다.

팔라디오의 유산은 건물에만 머무르지 않는다. 현대 건축이 '새로움'에 대해 집착하고 있는 와중에도, 그는 건축이 새로움을 창조하기보다는 오래된 생각을 재발명하는 것에 가깝다고 가르친다. 고대 로마와 그리스는 비트루비우스에게 영감을 주었고, 비트루비우스는 팔라디오에게, 팔라디오는 이니고 존스에게, 이니고존스는 벌링턴 경에게 영감을 주었다. 토머스 제퍼슨(Thomas Jefferson)과 신대륙의 건축가들은 그들 모두에게 영감을 받았다. 각 세대가 이전 세대로부터 배우면서 건축은, 특히 고전주의 건축은 고유의 개념보다는 왜/어떻게 다시 돌아오는가에 의해 정의된다. 조금씩 바뀌며 재등장하는 팔라디오 주의의 메아리만큼 좋은 증거는 없다.

오른쪽 : 팔라초 델 카피타니아토(Palazzo del Capitaniato)

BERNARDO

이니고 존스

영국 1573년 – 1652년

대표작 :
퀸스 하우스, 뱅퀴팅 하우스,
코벤트 가든 광장

건축 양식 :
팔라디오 주의

위쪽 : 이니고 존스

일반적으로, 새로운 건축 양식은 천천히 진화한다. 같은 생각의 다수가 낡은 이념을 대체하기 위해 노력한 결과이다.

예를 들어, 16세기 말에 로마의 캐톨릭 교회는 본질적으로 화가, 조각가, 예술가, 건축가들의 집단이 주도하여 유럽 사회에 서서히 깊게 스며든 반종교개혁 문화 운동으로서 바로크 양식을 창조했다. 주저하는 건축주를 설득하며, 건축가 홀로 건물 하나로 새로운 양식을 소개하는 일은 거의 없다. 하지만 이니고 존스가 한 일이 바로 그 것이다.

1619년에 착공한 그리니치 궁전에 있는 퀸스 하우스(Queen's House)는 대중을 놀라게 했다. 그들에게 이 건물은 마치 외계인의 손길 닿은 것처럼 보였을 것이다. 르네상스가 유행한 지 한 세기가 훨씬 넘었고,

아래쪽 : 뱅퀴팅 하우스의 화이트홀 내의 루벤스(Rubens) 천장

아래쪽 : 기하학적인 완벽함을 자랑하는 그리니치(Greenwich)의 퀸스 하우스의 한 단면

고전주의는 존스가 태어나기 훨씬 전에 유럽 사회의 필수로서 고딕 양식을 대체했다. 그러나 영국은 튜더 시대에 대한 향수를 보이며 캐톨릭에 반한다는 의혹에 시달리면서 이전으로 회귀하는 방식으로 대응했다. 영국의 건축은 더 오래된 자코뱅(Jacobean), 엘리자베스 시대(Elizabethan), 고딕 양식을 고수했다. 퀸스 하우스가 완벽한 대칭성, 흰색으로 칠해진 벽, 평평한 지붕선과 새시 창문을 가지고 영국에 '착륙'했고, 이 건물은 영국의 모습을 바꿀 문화 혁명을 예고했다.

존스는 혼란을 즐겼다. 그는 런던의 변변찮은 환경에서 웨일스 의류 노동자의 아들로 태어났으며, 처음에는 무대 설계자로 일했다. 이곳에서 그는 화려한 궁정 생활을 알게 되었고, 제임스 1세(King James I)와 오랫동안 고통받았던 덴마크인 아내 안네(Anne)를 위한 정교한 연극 공연('가면')의 수석 디자이너로 승진했다. 존스는 평생 500편 이상의 작품을 무대에 올렸고, 영국 연극 제작에 혁명을 일으킨 두 가지 혁신인 이동식 무대장치와 프로시니엄 아치(proscenium arch)를 소개했다.

건축에 대한 존스의 영향은 더 예리하게 감지할 수 있다. 1613년 존스가 왕의 작품에 대한 감독관으로 임명되어 모든 왕실 건축을 효과적으로 책임지게 되자, 그의 창조적인 전문성이 드러났다. 존스는 로마와 이탈리아 북부를 여행했는데, 팔라디오의 작품을 보면서 건축적 관점에 깊은 영향을 받았다. 정확한 비율과 기하학적인 단순함을 지닌 퀸스 하우스는 팔라디오에게 분명한 빚을 지고 있다. 존스의 이후 작업에도 이러한 관련성을 확인할 수 있다.

존스의 다음 프로젝트인 1622년 뱅퀴팅 하우스(Banqueting House; 연회용 건물)은 무질서하게 펼쳐져 있는

화이트홀 궁전의 일부분으로, 단언컨대 존스의 가장 위대한 작품이자 영국에서 르네상스를 정착시키기 위한 존스의 시도가 계속될 수 있는데 크게 이바지했다. 정면은 팔라디아 식의 수평 2단으로 구성한 파사드와 중앙부 기둥의 강조로 기념비적인 느낌을 자아낸다. 실내에는 페테르 파울 루벤스(Peter Paul Rubens)의 절묘한 우화적인 프레스코로 장식된 화려한 홀을 두었다. 이 작품은 규모와 장식 면에서 퀸스 하우스를 능가했으며, 영국에 고전주의를 실행하려는 그의 고단한 임무가 계몽주의에 감화된 왕실 후원자의 확고한 인정을 받았음을 보여주었다.

존스는 제임스 1세의 아들 찰스 1세(Charles I)가 왕이었을 때인 1638년, 화이트홀로 돌아와 뱅퀴팅 하우스를 제외한 건물을 철거하고 화려한 르네상스 궁전으로 재건하기 위한 계획을 세웠다. 7개의 거대한 중정이 있고 오늘날의 노섬벌랜드 애비뉴(Northumberland Avenue)에서 세인트 제임스 공원 호수(St. James's Park Lake)까지 반 마일을 뻗어 있는 이 거대한 고전주의 건축물은 찰스 1세의 절대주의 체제의 야망을 굳히고 런던 중심부를 변화시켰을 것이다. 불행히도 이러한 야망은 잉글랜드 내전(English Civil War)으로 인해 중단되었고, 아이러니하게도 왕은 존스의 어마어마한 걸작의 핵심이 될 뱅퀴팅 하우스에서 처형되었다.

다른 작업에서는 운이 좋았다. 비록 존스가 죽은 지 14년 후에 대화재로 파괴되었지만, 그는 런던의 고딕 양식의 세인트폴 대성당(St. Paul's Cathedral)에 고전주의적 포르티코(portico, 현관)를 증축했다. 존스는 가장 유명한 윌트셔(Wiltshire)에 있는 윌튼 하우스(Wilton House)와 팔라디오적인 비례와 금박의 장식을 결합한 더블 큐브 룸(Double Cube Room, 1653)과 같은 많은 훌륭한 별장을 설계했다. 존스는 또한 도시계획에도 능숙하여 런던 중심부에 지워지지 않는 흔적을 남겼다. 런던 중심부에서 그는 1641년에 주택들을 설계했고, 거의 실현되지는 않았지만 가장 오래되고 가장 큰 광장이었던 링컨스 인 필즈(Lincoln's Inn Fields)에 대한 계획을 세웠다.

코벤트 가든 광장(Covent Garden Piazza, 1630)은 공식적으로 영국 최초의 고전주의 광장으로 획기적인 혁신의 측면으로 보자면 퀸스 하우스에 필적했다. 이탈리아의 선례로부터 영감을 받아 연속적으로 동일한 입면을 지속한 것에 가려 잘 안보이지만, 코벤트 가든 광장은 완벽하게 대칭적이었고, 런던에 이전에는 보기 어려웠던 격식을 보여준다. 중간에 포르티코가 있는 교회 역시 존스의 설계였다. 이 건축물은 런던의 도시계획에 혁명을 일으켰고, 현재 도시를 정의하는 많은 주거용 광장—광장 주변에 갑주처럼 주거시설을 두르는 방식의—계획에 영감을 주었다.

존스의 유산은 어마어마하다. 비록 내전으로 그의 작품이 중단됐고, 찰스 왕이 죽은 지 11년 만에 군주제가 복원되었을 때 바로크 양식으로 회귀했지만, 존스가 옹호했던 팔라디오주의는 18세기 전반의 영국의 특징적인 스타일로 정착되었다. 이러한 전환은 건축가 벌링턴 경, 콜린 캠벨, 윌리엄 켄트(William Kent)의 조율에 의해 진행되었고, 그들 모두 존스의 영향을 많이 받았다. 존스는 의심할 여지 없이 영국의 가장 위대한 르네상스 건축가였다. 그는 영국에 고전주의를 소개하고, 영국을 현대로 끌고 온 사람으로 기억될 것이다.

왼쪽 : 17세기 코벤트 가든 광장의 판화

잔 로렌초

베르니니

이탈리아 1598년 – 1680년

대표작 :
성 베드로 광장과 열주랑,
산 안드레아 알 퀴리날레 성당
(Sant' Andrea al Quirinale),
피우미 분수

건축 양식 :
바로크 양식

위쪽 : 잔 로렌초 베르니니

일류 예술가인 베르니니는 카톨릭에 봉사하는 바로크 예술과 건축의 가장 좋은 예를 창조했다. 그는 변덕스러운 성격이었다. 이런 성격 덕에 카톨릭의 도덕적 가르침을 기존에 없던 방식의 영감을 받아 표현하였으며, 바로크라는 양식의 극적인 성격을 완벽히 보여주었다.

오른쪽 : 성 베드로 광장 주변의 콜로네이드

오른쪽 아래 : 산 안드레아 알 퀴리날레 성당의 극적인 바로크식의 천장

16세기 말, 캐톨릭 교회는 종교개혁을 대단히 우려스러운 시선으로 지켜보았다. 마틴 루터(Martin Luther)와 다른 이들이 고발한 캐톨릭 내부의 영적 결함에 대한 세간의 관심을 분산시키기 위해, 하나님의 영광을 증폭시키도록 시각적으로 화려한 예술 사조를 창조했다. 바로크는 역사상 가장 성공적인 정치적 변화 중 하나로, 향후 2세기 동안 유럽 전역과 그 너머 지역의 예술을 지배했다.

바로크 시대의 가장 위대한 건축가인 잔 로렌초 베르니니는 떠들썩한 삶을 살았고, 가족들도 난잡한 추문과 사건에 얽혀 있었다. 이 때문에 그를 지원했던 캐톨릭의 후원자들이 베르니니의 종교적 충실함에 (적어도 표면적으로는) 문제가 있음을 지적한 것도 무리는 아니다. 베르니니는 준수한 외모에 열정적이며 재능을 겸비했다. 나폴리(Naples)에서 태어난 지 8년 만에 신동으로 공식 선포되었고, 아버지의 뒤를 이어 인생 첫 명성을 얻었다.

베르니니는 격렬한 성격이었다. 앙심을 잘 품고 화를 다스리지 못했다. 베르니니는 30대 유부녀였던 내연녀가 자신의 동생과도 관계를 맺고 있는 것을 알고는 참지 못했다. 동생을 죽기 직전까지 몰아갔고 연인의 얼굴을 심하게 훼손했다. 몇 년 후, 이 동생이 베르니니의 젊은 조수 중 한 명을 잔인하게 성폭행했을 때, 베르니니는 유명한 작품 의뢰인이었던 스웨덴의 크리스티나 여왕(Queen Christina)을 설득하여 법정에서 증언—동성 간 성관계가 로마의 나폴리인들 사이에서 드물지 않음을 주장—하도록 함으로써 범죄를 변호했다. 비록 베르니니가 나중에 회개하고 결혼과 신앙에서 구원을 찾았지만, 베르니니의 격정적인 성정은 그가 구현한 바로크 양식에 완벽히 반영되고 있다. 바로크는 울퉁불퉁하거나 손상된 진주를

의미하는 포르투갈어 바로코(*barroco*)에서 유래되었다. 그 번역은 바로크 양식을 완벽하게 요약하고 있다. 바로크는 아름답지만 깨진, 형식을 제시하기보다는 그것의 결점을 드러내는 것을 찬미했다.

바로크 양식은 고전주의가 아닌 모든 것이었다. 엄격하고 시대의 변화에 관심이 없던 고전주의에서 벗어나서, 바로크는 권력, 멜로드라마와 연극을 추구하며 고전적 강령들을 유쾌하게 변형했다. 바로크 건축은 움직임, 기념비성(monumentality), 대비, 색, 착시, 빛, 음영, 장식, 3차원성 등 알려진 모든 극적인 장치를 동원하면서, 숨죽이고 구경하는 사람의 감정적인 반응을

요구하는 감각에 맹렬한 공간적인 충격을 가했다.

이것이 베르니니의 작품이 제공한 것이다. 그의 조각은 극적인 자세로 고정된 인간 형상에 대한 끊임없는 표현력과 초자연주의적 표현을 보여주면서, 움직임의 감각을 강조하기 위해 늘어뜨린 로브를 입힌 방식으로 제작되었다. 이 주제들은 베르니니의 가장 유명한 조각인 성 테레사의 법열(Ecstasy of St. Teresa)에서 절정에 이르며, 테레사는 공식적으로 종교적 황홀경의 격통에 빠진 수녀를 비유적으로 묘사했지만, 수 세대에 걸쳐 분개했던 학자들에 의해 대체로 육체적인 오르가즘을 상징한다고 주장했다.

조각과 동일한 원리가 건축에 적용되어 전율을 일으키고 있다. 베르니니의 가장 위대한 작품인 로마의 성 베드로 광장(St. Peter's Square, 1656-67)에서, 그는 넓게 펼쳐진 광장을 종교적 신자들을 팔처럼 감싸고 있는 한 쌍의 기념비적인 열주랑으로 둘러싼다. 진정한 바로크 양식의 전통에서, 그 표현은 조심스럽게 순차적이고 완전히 연극적이다. 열주랑은 카를로 모데르노(Carlo Moderno)의 성 베드로 대성당(St. Peter's Basilica)의 거대한 입면을 마주하게 되는 마지막 단계로 원근법을 강조하며 돌진하다가, 갑자기 바깥쪽으로 튕겨나가며 타원형의 형상을 만든다. 거대한 규모, 공간적 이동, 그리고 조심스럽게 연출된 기하학적 움직임으로, 이 열주랑은 지금까지 구상된 바로크 시대의 건축/도시계획의 가장 위대한 작품 중 하나로 남아있다.

베르니니는 교회, 예배당, 분수, 광장 역시 같은 방식으로 설계했다. 보통은 다른 사람들의 작품을 리모델링하거나 자신의 작업을 추가하는 식이었지만, 각각에 그의 특징적인 에너지를 덧입혔다. 사실상 베르니니의 모든 작업은 로마에서 위촉된 일이었다. 그는 바로크 양식의 특징을 만들기 위해 많은 노력을 기울였다. 많은 작품을 의뢰한 후원자였던 교황 우르바노 8세(Pope Urban VIII)는 베르니니에게 '당신은 로마를 위해, 로마는 당신을 위해 만들어졌다' 고 말했다.

베르니니의 가장 큰 라이벌은 바로크 시대의 또 다른 뛰어난 천재 프란체스코 보로미니(Francesco Borromini)였다. 베르니니가 매력적이고 활달한 반면, 보로미니는 반항적이고 우울한 성격이었다. 그는 결국 67세에 칼로 자살하면서 생을 마감했다. 서로를 경멸함에도, 그들은 둘 다 베르니니의 건축적 천재성을 함축하는 작품 하나를 같이 수행했다.

1650년대에 교황 인노첸시오 10세(Pope Innocent X)는 나보나 광장(Navona Piazza)을 로마의 가장 화려한 공공공간 중 하나로 탈바꿈시켰다. 베르니니의 핵심인 피우미 분수(Fontana dei Quattro Fiumi)는 높이 솟은 이집트 오벨리스크(obelisk) 복제품과 이를 받치고 있는 거대한 대리석, 트래버틴, 화강암 더미를 특징으로 한다. 베르니니가 분수에 조각하여 새긴 천사들과 신들은 주변 웅덩이의 물을 뿜어내는 암석 받침대 주변을 기어오르는 형상으로 만들어졌다. 한 조각상은 맞은편 아고네(Agone)에 있는 보로미니의 산타네제 성당(Sant'Agnese)의 놀라운 광경으로부터 그의 시선을 보호하기 위해 연극적인 제스추어를 사용한다.

이런 표현에서 우리는 베르니니의 진수를 발견한다. 베르니니의 분수는 무생물이고 홀로 존재하는 장식적인 물체에 그치는 것이 아니라, 주변 환경에 극적이고 인간적으로 반응하는 것처럼 보인다. 눈부신 오페라 전체에 건축, 공공공간, 조각상들과 물을 포함한 모든 것이 통합되어 절정의 도취감을 표현하였다. 베르니니는 건축가, 조각가, 예술가, 화가, 극작가와 도시 계획가로서 모든 예술, 특히 바로크 예술이 어떻게 전체적인 감각적 경험에 관한 것이며 감정이 없는 건축은 아무것도 아니라는 주장을 알기 쉽게 전해준다.

왼쪽 : 피우미 분수

오른쪽 : 분수 중앙에 있는 말의 세부 양식

루이 르 보

프랑스 1612년 - 1670년

대표작 :
루브르 열주랑, 베르사이유 정원 (Palais de Versailles), 캬트르 나시옹 학교

건축 양식 :
바로크 양식

위쪽 : 루이 르 보

17세기 프랑스는 유럽의 문화적 진원지이자 세계에서 가장 큰 도시 파리를 가진 세계 유일의 초강대국이었다. 당시 프랑스 건축은 쥘 아르두엥-망사르 (Jules Hardouin-Mansart)와 루이 르 보 두 사람이 주도했다.

두 사람 모두 전제적 권력을 행사하던 루이 14세(King Louis XIV)를 위해 직접 일했고, 왕은 그들에게 프랑스의 이미지와 정체성을 형성할 수 있는 기회를 주었다.

아루두엥-망사르(Hardouin-Mansart, 1646–1708)는 파리의 가장 유명한 건물들(앵발리드 교회(Les Invalides))과 공공 공간(빅투아르 광장과 방돔광장의 전시장(the showcase squares of Place de Victoires and Place Vendôme))을 책임졌다. 그의 걸작은 베르사유 궁전을 확장한 것으로, 르 보가 죽기 직전에 완성한 정원 건물을 리모델링하고 증축한 것이다. 아루두엥-망사르는 또한 베르사유를 전형적인 왕궁으로 굳히는 데 도움을 준 화려한 거울의 방(Hall of Mirrors)을 만들었다. 그의 작품은 루이 14세의 궁정과 관련된 바로크 양식의 최고봉이었고, 그래서 그것은 때때로 루이 14세 양식이라고도 불린다.

그럼에도 르 보의 작품은 주로 너무도 뛰어난 하나의 프로젝트, 루브르 열주랑 덕분에 문화적으로 더 넓게 영향을 미쳤다. 르 보는 이 작품 훨씬 이전부터 성공적인 경력을 쌓았다. 파리에서 석공의 아이로 태어난 그는 처음에는 아버지와 남동생과 함께 일했다. 그가 왕의 관심을 끌었을 때는 귀족들을 위한 타운하우스를 설계하고 있었고, 결국 왕의 재정

위쪽 : 루브르 열주랑

감독관을 위한 대저택을 설계하는, 수익성 좋은 의뢰를 받게 되었다.

여러 면에서 보르비콩트(Vaux-le-Vicomte)(1658-61)는 전형적인 프랑스 바로크식의 성채(chateau)이다. 높은 모임지붕과 뚜렷한 수직성과 상승감을 강조하면서 프랑스 르네상스 고전주의의 전통을 따르고 있는데, 근미래적인 중앙 돔은 예외적으로 데카당스의 퇴폐미처럼 보이는 요소가 보인다. 르 보의 경력에서 더 중요한 것은 경관, 건축, 인테리어라는 3개의 형식적 조건을 강력하게 통합하는 것이다. 유명한 정원사 앙드레 르 노트르(André Le Nôtre)와 유명한 궁정 화가 샤를 르 브룅(Charles Le Brun)과 함께 작업하면서 르 보는 베르사유에서 반복될 성공적인 동업관계를 형성했다.

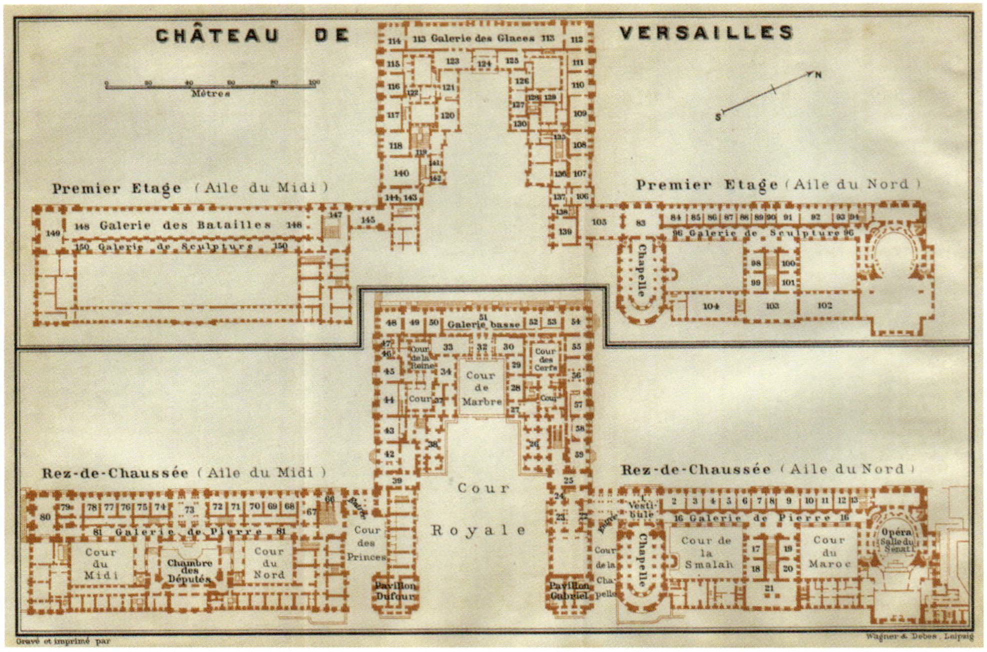

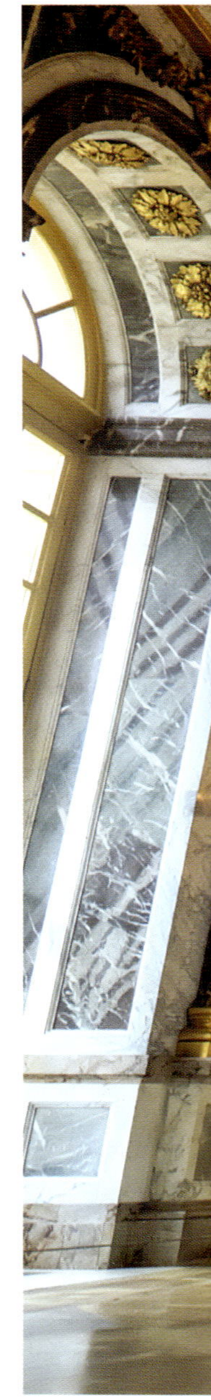

왼쪽 : 베르사유 궁전의 배치도

아래쪽 : 카트르 나시옹 학교 돔의 중심부

오른쪽 : 베르사유의 거울의 방은 쥘 아르두엥-망사르에 의해 설계되었지만, 르 보가 수렵별장에서 왕궁으로 건물을 기념비적으로 확장하지 않았다면 불가능했을 것이다.

루이 13세(Louis XIII)는 베르사유를 작은 수렵용 별장으로 사들인 다음 수수한 성채로 확장했다. 그의 아들 루이 14세는 이 궁전을 왕조의 숭고함에 부합하는 궁전으로 바꾸려는 야망을 품고 있었고, 이를 위해 르 보를 1661년에 고용하였다. 르 보는 기존의 성채를 크게 확장한 복합 단지의 핵심으로 교묘하게 유지하였는데, 건물은 르네상스가 주도적으로 드러나는 아치형의 러스티케이션(rustication) 토대 위에 고전적인 형식미를 강조하는 입면을 올려놓는 식으로 설계했다. 아루두엥-망사르가 궁전을 확장하고 유리 진열장 같은 실내공간을 증축하는 동안, 르 보는 아루두엥-망사르가 엄청난 효과를 내고 있는 정원 정면 입면의 핵심적 요소를 설계했다.

뒤를 이어 루브르의 중앙 안마당의 남쪽 동을 리모델링하고, 거대한 돔형 중앙 건물에서 뻗어 나온 곡선형 대칭 익랑(wing)이 화려한 캬트르 나시옹 학교(Collège des Quatre-Nations, 1662-88) 등을 포함하여 왕실이 다른 작업을 수행 하였다. 이 건물은 이탈리아 바로크의 역동적인 기하학적 연출에 힘입은 바가 크다. 그것은 르 보의 작품 중 가장 바로크적이다.

르 보의 가장 위대한 작품인 루브르 열주랑(Louvre Colonnade, 1665-74)은 전형적인 바로크 양식과는 거리를 두고 있는 작업이다. 몇몇 존경받는 건축가들이 루브르 열주랑을 위한 설계 공모에 지명받았다. 베르니니는 이 목적을 위해 파리에서 몇 달을 보냈고, 로마로 돌아와서는 그의 설계가 전혀 선택받지 않은 것에 격분했다. 베르니니의 안이 거절되었다는 것은 프랑스

작가들이 자신의 문화적 기준에 자신감을 가지고 이전에 지배적이었던 이탈리아식 바로크에서부터 벗어나게 되었음을 보여준다.

르 보의 수상작은 단독 작업이 아니었다. 르 보는 건축가 클로드 페로(Claude Perrault)와 르 브룅을 포함한 팀의 중진이었다. 그 설계는 냉철한 통제와 기념비적인 명료성으로 주목할 만하다. 바로크의 뒤틀린 역사성과 프랑스 르네상스의 망사르드(Mansard) 지붕은 사라졌다. 대신 단순하고, 엄격하며, 거의 도식에 가까운 입면 구성을 진행했다. 연속되는 난간으로 둘러싸인 이중 기둥의 열주랑은 깊게 후퇴되어 웅장한 느낌을 자아내며, 대조적으로 입면 중앙과 측면은 살짝 돌출시켜 강조하였다. 이는 18-19세기의 신고전주의 부흥과 보자르(Beaux-Arts) 운동을 예고하는 것으로, 시대를 훨씬 앞서는 방식이었다. 루브르 열주랑은 콩코르드 광장(Place de la Concorde palaces), 가르니에 오페라 극장(Garnier Opera House), 메트로폴리탄 미술관(Metropolitan Museum of Art), 펜실베이니아 역(Pennsylvania Station)과 심지어 미국 국회의사당 건물의 익랑 건물 같은 전 세계의 공공건물의 표준 구성과 장식 규범을 정하는 데 일조했다. 르 보는 단지 이전의 왕궁을 위한 새로운 외관 설계를 한 인물로서가 아니라 서양 건축에서 가장 영향력 있는 건물 중 하나에 크게 이바지한 인물로 기억되어야 한다.

크리스토퍼 렌

영국 1632년 – 1723년

대표작 :
세인트폴 대성당, 그리니치 병원, 햄프턴 코트 궁전(남&동쪽 동)

건축 양식 :
바로크 양식

위쪽 : 크리스토퍼 렌

크리스토퍼 렌이 태어났을 때, 영국은 문화적으로 뒤처진 곳이었다. 루이 14세 치하의 프랑스는 유럽의 문화적 선두였고, 대부분의 유럽 국가들은 프랑스와 이탈리아 양식을 채택하는 경향이 있었다.

영국도 몇 세기 동안 로마네스크 양식, 고딕 양식, 팔라디안 양식을 흡수하여 앵글로 색슨인의 취향에 맞게 수정했다. 영국의 건축이 다른 곳에 영향을 미친다는 생각은 우스꽝스러웠다.

렌이 죽었을 때, 런던은 변했다. 영국은 기독교 국가 중에서 두 번째로 큰 고전적인 돔이 있었고, 세인트 폴 대성당(St. Paul's Cathedral)이라는 거의 이론의 여지 없이 영국에서 가장 국제적으로 영향력 있는 건축물을 지었으며, 로마를 빼고는 유럽 최대의 바로크 양식의 교회들을 소장하게 되었다. 그리니치 병원(Greenwich

아래쪽 : 세인트폴 대성당. 런던 스카이라인을 구성하는 시금석

오른쪽 : 영국의 시스티나 성당으로 알려진 그리니치에 있는 페인티드 홀(Painted Hall)

Hospital)은 시스티나 성당(Sistine Chapel)의 영국식 해석이었다. 영국의 건축은 이제 매력있는 수출상품이 되어 유럽과 그 너머로 뻗어나갔다. 이 모든 변화에 한 인물, 크리스토퍼 렌이 있었다. 그는 영국이 낳은 가장 위대한 건축가로 남아있다.

렌은 잉글랜드 내전이 일어나기 10년 전 윌트셔

(Wiltshire)의 시골에서 존경받는 성직자와 그의 아내 사이에서 태어났다. 렌은 31세 때 첫 번째 건물인 펨브로크 대학(Pembroke College)의 예배당을 설계했다. 렌은 과학자, 수학자, 천문학자였으며, 이 기초는 그의 경력에 도움이 될 기술적인 능력과 세심함, 합리성, 문제 해결에 대한 올바른 인식을 제공했다.

렌은 1665년 파리 여행과 이듬해 런던 대화재라는 두 가지 엄청난 사건을 겪으며 건축에 뛰어들었다. 베르사유와 루브르 박물관이 확장되면서, 파리는 온갖 건축 양식이 북새통을 이루고 있었다. 그곳에서 렌은 종국에는 그가 선택하게 될 바로크 양식을 접했다. 그가 루브르 지명 설계 공모에 참여하고 있던 베르니니—당시 파리에서 체류하고 있었다—를 만났다는 기록은 없지만, 이 이탈리아인의 존재는 렌이 필연적으로 목격했을 바로크 양식이 매우 강렬한 영향을 남겼다는 것을 의미한다.

그 영향은 대화재 이후 뚜렷해졌다. 렌은 기회를 놓치지 않고 혼란스럽고 불규칙한 런던을 전형적인 광장의 격자무늬 배열에서 나타나는 곧바른 거리의 번쩍이는 대도시로 재건할 계획을 일주일 만에 세웠다. 그 계획은 놀라울 정도로 야심적이었지만, 찰스 2세(King Charles II)의 열렬한 지지에도 불구하고, 토지 소유자들은 기존의 토지 임대 계약을 고수했다. 하지만 그 화재는 유일하게 실현될 영광스러운 세인트폴 대성당(1675-1711)의 대지와 함께 영국

바로크 양식을 위한 도화선에 불을 붙였다.

이니고 존스가 설계한 르네상스 양식의 거대한 포르티코를 포함한 대성당이 화재로 소실되자, 렌과 왕은 즉시 재건 계획을 세웠다. 현재 대성당 지하실에 전시되어있는 "거대 모형(Great Model)"은 렌이 선호했던 계획으로, 그가 파리로부터 받은 영향과 바로크 양식에 대한 접근법이 이미 성숙한 단계에 이르렀음을 보여준다. 고딕 양식의 대성당들이 선호하는 라틴십자가형이 아닌 중앙집중식(그리고 바로크 양식)의 그리스 십자가형 평면에 기반을 두고, 세인트폴 대성당은 성 베드로 대성당과 비슷한 크기의 바로크식 돔과 거대한 페디먼트(pediment)가 있는 고전적인 신전으로 생각되었다.

그게 문제였다. 종교개혁 이후 영국은 종교적인 파벌간 충돌이 심화되던 상황이었고, 교회당국은 자신들이 만드는 주요 교회가 바로크를 밀고 있던 캐톨릭의 건축 의식을 모방한다는 생각에 혐오감을 가지고 있었다. 렌은 그들을 달래기 위한 대안을 제시했고, 교회 측은 돔 대신 첨탑을 가진 무의미한 고딕 양식과 고전 양식의 터무니없는 영국식 혼합체를 성실하게 승인했다. 성당은 대안과는 다르게 만들어졌는데 렌의 전략적이고 정치적인 재능 덕분이다. 왕의 암묵적인 지지를 방패삼아, 렌은 뛰어난 계약 능력을 발휘하여 교회가 그에게 부여한 권한 중 '장식적 변화'를 부당하게 이용했으며, 오늘날 우리가 보는 전혀 관련이 없는 건물을 짓기 위해 설계를 완전히 바꾸었다.

세인트폴 대성당은 걸작이지만, 동시에 매우 영국적인 절충안이다. 라틴십자가형 계획에 따라 지어졌고 숨겨진 플라잉 버트레스로 완성되었으며,

렌이 선호하는 고전적인 모습 뒤에 고딕 양식의 규칙들을 숨겼다. 거대한 규모, 기념비적인 측면, 풍부한 장식, 표현력 있는 조각상과 잊을 수 없는 돔과 함께, 이 작품은 확실히 바로크 양식이다. 그러나 렌은 이탈리아 바로크보다 더 완화된 절충안을 만들어냈고 공간적 역동성과 구조적 복잡성과 같은 특성을 강조했다. 영국식 바로크가 탄생하는 순간이었다.

이것이 렌 양식으로, 다음 반세기 동안 영국에서 인기를 얻었다. 1669년 왕의 작품에 대한 감독관이 된 후, 렌은 놀라운 업적을 쌓았다. 세인트폴 대성당을 짓기 위한 36년 동안, 그는 켄싱턴 궁전(Kensington Palace), 그리니치 병원, 그리니치 천문대(Greenwich Observatory), 그리고 햄프턴 코트 궁전(Hampton Court Palace)의 절반인 첼시 왕립 병원(Royal Hospital Chelsea), 옥스퍼드 대학교와 케임브리지 대학교(Oxford and Cambridge colleges)를 위한 몇몇 새로운 건물들, 맨션, 템플바(Temple Bar)의 장식용 아치형 입구, 대화재 기념비 등을 만들었다. 그들 가운데 가장 인상적인 것은 영국의 신생 성공회 교회에 뚜렷한 건축적 정체성을 가져온 52개의 바로크 런던 교회들이다. 이 놀라운 작품은 렌의 다재다능함, 독창성, 창의성을 드러낸다. 같은 건물은 없다. 즉, 그리니치에서의 렌의 후기 프로젝트와 특히 화이트홀 궁전(Whitehall Palace)을 위한 그의 지어지지 않은 계획은 베르니니의 작품에 대응하는 바로크 양식의 구성적인 독창성을 보여준다. 베르니니처럼, 렌은 예술 각 분야의 중요성을 이해했고, 바로크 양식이 요구하는 감각적 경험을 창조하는 데 필요한 장식으로 그의 건물을 꾸미기 위해 재능 있는 조각가, 화가, 목각사, 철물상과 지혜롭게 협력했다.

렌의 생애가 끝날 무렵, 바로크 양식은 다시 유행한 팔라디오 주의에 의해 영국에서 사라졌고, 팔라디오의 지지자들은 (그들이 보기에는) 난폭한 감정적 사치로 보이는 세인트폴 대성당의 디자인에 대해 당혹스러워했다. 그러나 렌의 유산은 살아 있다. 파리의 판테온에서 미국 국회의사당에 이르기까지, 세인트폴 대성당에서 영감을 받은 많은 돔들과 1698년 표트르 대제(Peter the Great)의 런던방문 이후, 그가 보았던 세인트폴의 돔과 첨탑을 따라 렌의 영감을 강하게 느낄 수 있는 상트페테르부르크(St. Petersbrug)의 작품들을 아우르는, 그와 그에게 영향받은 작품들은 가장 기민하게 써야 하는 예술 형식인 '타협'을 건축이 어떻게 사용해야 하는지 생생하게 보여주고 있다.

맞은편 위쪽 : 세인트폴 대성당에서 본 내부 모습

오른쪽 : 렌이 설계한 햄프턴 코트 궁전의 분수대

니콜라스 혹스무어

영국 영국 1661년 – 1736년

대표작 :
스피탈필즈 예수교회,
이스턴 네스턴, 웨스트민스터
수도원 타워

건축 양식 :
영국 바로크 양식

위쪽 : 니콜라스 혹스무어

렌의 영향을 받은 영국 바로크 양식의 건축가 중 그 누구도 그의 제자 니콜라스 혹스무어보다 더 개성적이거나, 불가사의하며, 재능을 보이던 사람은 없었다. 그럼에도, 수 세기 동안 혹스무어의 유산은 다른 건축가들이 자신의 작품에 혹스무어를 참고한 내용에 국한하여 부당하게 평가되었다.

렌은 혹스무어의 기술을 듣고 그를 젊은 직원으로 채용하여 그리니치 병원과 켄싱턴 궁전을 포함한 당대 최고의 작품 가운데 일부에 조수 역할을 맡겼다. 혹스무어는 후에 존 밴브루(John Vanbrugh) 경의 두 걸작인 하워드성(Castle Howard)과 블레넘 궁전(Blenheim Palace)의 실행에 일조했다.

영국을 대표하는 두 명의 바로크 양식 건축가들과 맺은 이러한 우호적 관계가 오히려 혹스무어가 그들과 크게 구분되지 않거나 종종 이들을 능가하는 천재성을 보여준다는 사실을 보이지 않게 했다. 혹스무어의 삶이 그의 건물처럼 그림자 속에 머물렀다는 것도 이유가 될 것이다. 18세에 렌을 위해 일하기 전까지 그의 삶에 대해 알려진 바가 많지 않다. 혹스무어는 군주제가 부활된 직후 노팅엄셔(Nottinghamshire)에서 태어났으며, 보잘것없는 배경에서 성장했다. 이 또한 사후 그에 대한 평가에 한계를 그었을 수 있다.

혹스무어는 예의 바른 렌과 정중한 밴브루와는 달랐다. 그의 건축에서 확연히 드러나는 특징들처럼 혹스무어는 조용하고 수심에 잠겨 어두운 분위기와 오랜 자기성찰에 빠지곤 했다고 전해진다. 그러나 혹스무어는 작품에 기이한 독창성과 광채를 내는

왼쪽 : 이스턴 네스턴의 영주 저택 계단

오른쪽 : 스피탈필즈에 있는 인상적인 첨탑을 가진 예수교회

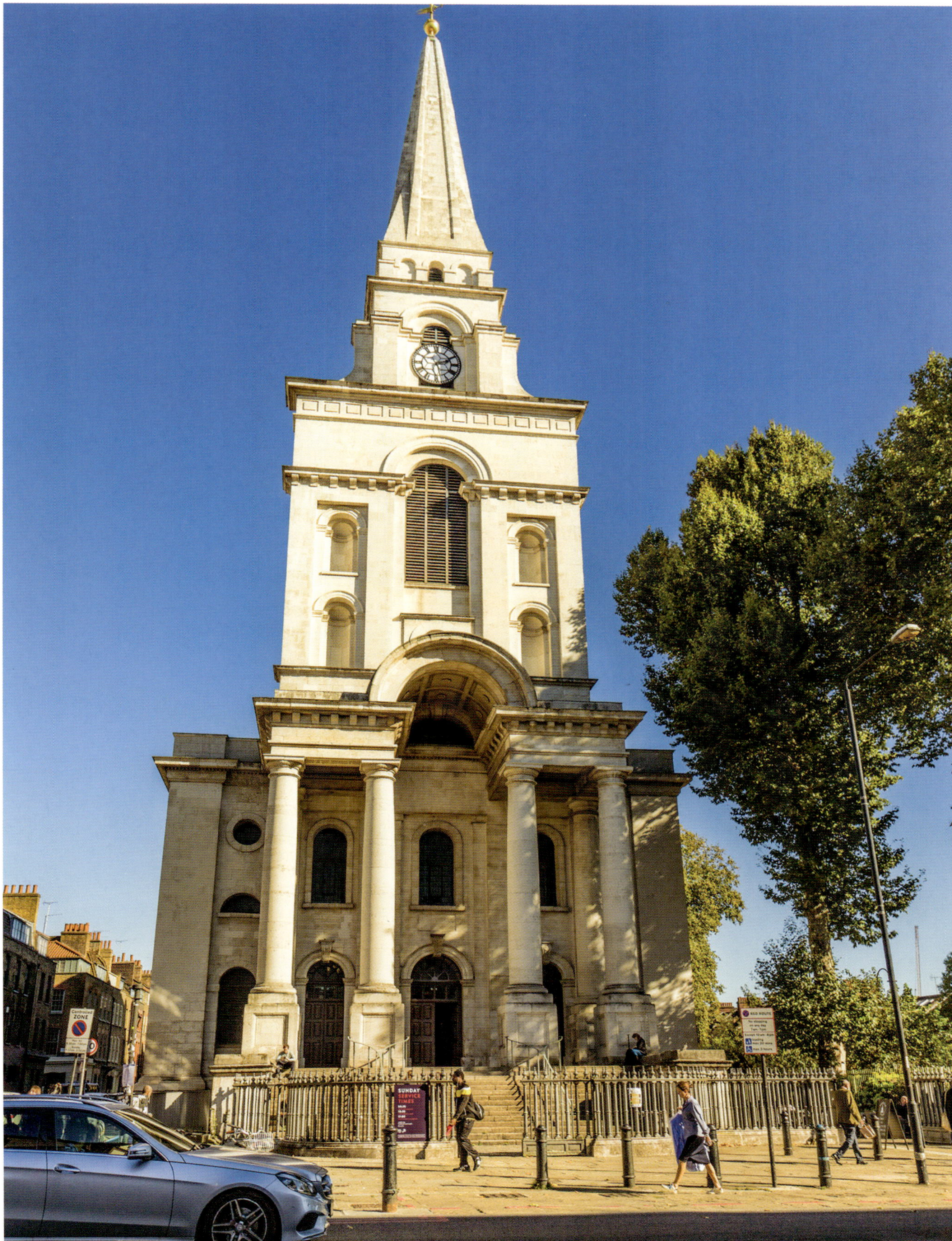

재창조의 기운을 불어넣어 영국 건축의 영웅과 위인들 사이에서도 그 독특함을 잃지 않는다.

비록 혹스무어의 많은 건물이 합작으로 설계되었지만, 나중에는 혼자서 많은 건물을 지었다. 그의 접근법에 대해 가장 많이 배울 수 있는 것은 후기에 혼자서 진행한 작품들이다. 1711년 매우 독실한 앤 여왕(Queen Anne)은 일부 방탕과 범죄로 특징지어지는 런던의 근린지역을 도덕적으로 정화하기 위한 수단으로서 *런던시와 웨스트민스터를 위한 50개의 새로운 교회법(the Fifty New Churches Act for the Cities of London and westminster)*을 통과시켰다. 제시된 50개의 교회 계획 중 12개만이 실제로 지어졌고, 그 가운데 6개를 혹스무어가 1712년에서 1731년 사이에 실행했다.

교회들은 혹스무어의 비타협적이고 비정통적인 바로크 양식을 높게 평가한다. 그것들은 인상적으로 기념비적이고, 매우 극적이며, 고전주의에서 받아들인 페디먼트, 포르티코, 아치와 기둥과 같은 교범을 포함하고 있다. 그러나 이러한 요소들은 기념비성과 함께 터무니없을 정도로 과장되어 있다. 혹스무어의 이러한 표현은 건물의 규모에 국한되지 않을 뿐 아니라, 거대한 돌 부재에 작은 절개/새김 표현을 병행하는 방식을 통해서도 드러난다. 세인트 메리 울노스(St. Mary Woolnoth)에서 두꺼운 러스티케이션(rustication)은 무거운 질량을 암시하는 압축적인 성질을 제시한다. 그 반면 작은 창문은 두꺼운 벽에 박혀 있고 큰 키스톤으로 눌려 있다. 이 작품에서 혹스무어는 바로크 양식에서 전형적으로 쓰이곤 하던 환상적인 비유에 야만적이고 불온하며 입체적인 체제 전복을 시도했다.

그러나 혹스무어의 색다른 힘은 본인 작품 가운데 가장 위대한 교회라고 할 수 있는 화려한 스피탈필즈 예수교회(Christ Church Spitalfields)에서 완전히 드러난다. 이 작품은 솟구치는 피라미드 모양의 첨탑이 달린 공격적인 조각품 또는 맨몸뚱이처럼 던져진 거대한 석조물로 인식된다. 스피탈필즈 예수교회는 날것의 느낌을 전달한다. 마치 하나의 강력한 바위를 빚어 놓은 것처럼, 자연 지형에서 느낄 수 있는 지질학적인 강렬함을 가지고 있다. 갈비뼈 같은 돌출부는 사이사이에 배치된 깊이 파인 보이드와 대조되어 건물 윤곽에 명료하고 날카로운 인상을 만들어낸다. 이러한 특징으로 인해 건물은 기독교 교회면서도 이교도 제단과 같은 신비롭고 고딕적인 특징을 자아낸다. 스피탈필즈 예수교회는 천국과 다른 세계를 보여준다. 이곳의 분위기는 음침하고 희생적이며, 영묘하고 내세적인 성질의 것으로서, 렌의 우아한 정밀함과는 거리가 멀다. 혹스무어는 바로크 양식에 대한 어두운 해석과 거장의 역량을 느끼게 하는 수준 높은 기교를 통해 음울한 긴장과 억압의 분위기를 유지하고 있다.

혹스무어의 모든 작품이 이렇게 장례식장 같은 분위기는 아니다. 케임브리지 클라렌든 빌딩(Clarendon Building Cambridge)이 그 예가 될 것이다. 그리니치 병원의 킹 윌리엄관(King William Block)과 계획한 대로 완성되지 못한 이스턴 네스턴(Easton Neston) 시골 저택의

왼쪽 : 세인트 메리 울노스의 두꺼운 루스티카(rustication)

위쪽 : 하워드성의 묘지

일부 공간도 무겁지만은 않은 분위기의 작품이다. 혹스무어는 클라랜든 빌딩을 진행하면서 전통적인 로마 신전이라는 선례에 의존하였다. 채움과 비움 사이의 극적인 상호작용, 그리고 장식 없는 돌덩어리의 엄숙함을 활용한 강력한 조합을 이용하여 건물 전반에 걸쳐 활기찬 분위기를 조성했다.

그의 탁월한 교회 건축과 마찬가지로, 하워드 성에 있는 영묘(mausoleum)에서도 혹스무어 특유의 마음을 어지럽히는(haunting) 아름다움을 느낄 수 있다. 이러한 유산은 지속되어 여러 세대의 작가, 예술가, 시인, 영화 제작자, 심지어 비술 신봉자(occultist)까지 그의 건축물에 혼란스러워하면서도 마음을 빼앗겼다. 사실, 그의 주변에는 컬트적인 개인숭배가 자리 잡고 있는데, 20세기 대중문화는 잭 더 리퍼(Jack the Ripper)에서 사탄주의에 이르기까지 온갖 비뚤어진 민간 의식의 관습들이 혹스무어의 건축과 관련이 있는 듯, 부당하게 반복해서 연결 지어졌다. 소름 끼치는 소문 중 하나는 지도에서 혹스무어의 런던 교회의 점들을 연결하면 고대 이집트 상형문자인 '호루스의 눈(Eye of Horus)'을 닮은 문양이 보인다는 주장이었다. 호루스의 눈은 건강이나 죽은 자의 땅으로 다양하게 해석될 수 있는 상징으로 혹스무어와 이교도, 신비주의 사이의 끈질긴 연결을 보여준다. 사실이든 아니든, 혹스무어와 관련된 현상은 오늘날까지 강력하게 반향을 불러일으키며, 역설적으로 그가 어떤 건축가였는지 드러낸다. 혹스무어의 기괴한 건물은 시대를 초월한 시적 체험과 영성을 일으키면서 건축가 고유의 감각을 건축물에서 체험하도록 했다.

존 밴브루

건축가들이 보통 여러 직업을 계속하던 시기에, 존 밴브루 경은 박식함으로 끝을 본 인물이었다.

영국 1664년 – 1726년

대표작 :
블레넘 궁전, 하워드성,
그리니치 병원

건축 양식 :
영국 바로크 양식

위쪽 : 존 밴브루

밴브루는 렌, 혹스무어와 함께 영국 바로크 건축의 삼두정치의 핵심 대표자였으며, 때때로 극작가, 정치운동가, 부동산 개발업자, 연극 감독, 해군 장교, 그리고 죄수의 삶을 살았다.

건축 활동을 제외하면, 밴브루는 주로 극작가로 기억되고 있다. 그의 희곡 "도발적인 아내(*The Provoked Wife*)"는 여전히 전세계에서 정기적으로 제작되고 있다. 흥미롭게도 밴브루의 건축과 다사다난한 삶에서 그의 연극성과 공연에서 보이는 측면이 동일하게 반

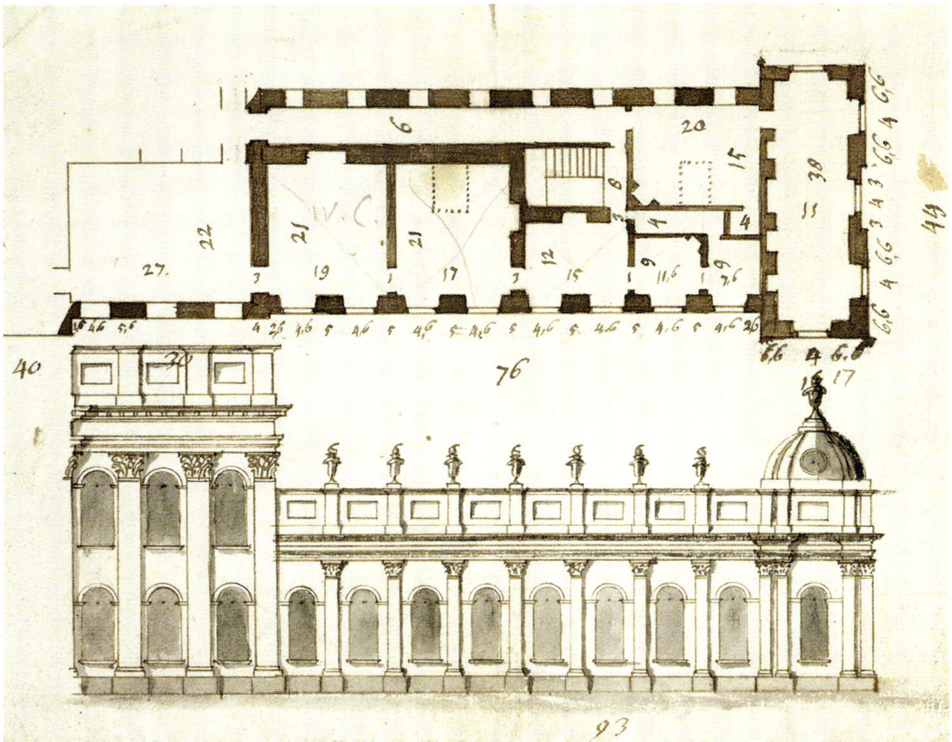

아래쪽 : 노스요크셔(North Yorkshire)에 있는 완성된 하워드성은 밴브루의 상상의 실현을 반대되는 계획으로 보여준다.

복되고 있다.

밴브루는 플라망-개신교도(Flemish-Protestant)의 옷가게 상인의-놀랍게도 20명의 아이들 중- 다섯째 아이로 태어났다. 이 종교적 배경은 그의 정치적 신념에 많은 영향을 미치게 된다. 캐톨릭과 국교사이에 일어난 1680년대의 열풍 속에서 밴브루는 어쩌다 보니 훗날 개신교 신자인 윌리엄 3세(William III)를 지지하면서, 캐톨릭 신자인 제임스 2세(James II)를 타도하기 위한 비밀 공작원이 되었다. 여기서 밴브루는 자신이 후에 주요 후원자인 개신교 휘그당 정파의 헌신적인 일원이라는 것을 밝힌다.

밴브루는 선동 혐의로 1688년 칼레(Calais)에서 체포되어 4년 동안 수감되었다. 석방되자마자 밴브루는 파리에서 짧은 시간을 보냈고, 이 시기는 그의 건축 경력을 형성하는데 영향을 미쳤다. 그는 루브르 박물관과 앵발리드(Les Invalides)와 같이, 당시로서는 최신 작품들을 접하면서 어떻게 과시적인 건축물이 감정적인 반응을 위해 다루어질 수 있는지 맛보게 되었다.

이러한 특징은 밴브루의 첫 번째 건물에서 매우 뚜렷하게 드러났다. 그는 36세에 휘그당 인맥의 도움으로, 칼라일 백작(Earl of Carlisle)의 새로운 시골 별장(country seat)을 건설하는 데 의뢰를 받아, 무례한 윌리엄 털만(William Talman)을 제치고 거래를 차지했다. 이렇게 해서 하워드성(Castle Howard, 1701-09)이 탄생했다. 밴브루의 경력과 영국 건축 양식이 다시는 돌아올 수 없도록 바뀌게 된 사건이었다.

영국엔 그런 작품이 없었다. 채즈워스 하우스(Chatsworth House)는 이미 건설 중이었고, 렌은 수십 년 동안 바로크 양식으로 건물을 짓고 있었다. 그러나 적어도 초기에는 영국적 특징을 고려하여 캐톨릭의 과잉이 완화되었던, 보다 엄격한 고전적 바로크 양식이었다. 밴브루는 하워드성에서 넘쳐나는 조각상과 장식에서 퇴폐미가 뚝뚝 떨어지는, 더욱 화려한 바로크 양식을 생동감 있게 밀어붙였다. 호화로운 입구 홀에서, 우리는 밴브루가 디자인한 가장 훌륭한 실내공간을 목도하며, 가정생활의 단조로운 제식이 색, 규모, 그리고 기념비로 채워진 떠들썩한 공간적 오페라로 변모하는 것을 발견한다.

하워드 성이 드라마라면, 블레넘 궁전(Blenheim Palace, 1705-22)에서 찾을 수 있는 것은 숨 막히는 멜로드라마이다. 거대한 궁정에서, 밴브루는 거대한 도시 규모의 건축을 집결시켰다. 각각 맞물리게 배치된 건물 동은 세심하게 대본화되어 건축적으로 만들어진 연극 무대에서 맡은 역할을 수행한다. 열주를 두른 측면 동은 대역배우의 역할을 하고, 중앙 부분의 포르티코는 극적인 상승감을 불러일으키는 장치로 기능한다. 그 길을 따라 아치, 무덤, 터릿(turret)을 캐스팅하여 새로운 장면의 배경 세트를 구성한다. 각각의 캐스팅은 극적이고 긴장감이 있는 강력한 기념성의 꽉 짜인 조합을 만

아래쪽 : 블레넘 궁전의 전경

오른쪽 : 그리니치 왕립 해군학교(Greenwich Royal Naval College)의 킹 윌리엄관은 니콜라스 혹스무어와 협력하여 완료했다.

들기 위해 완벽한 대칭으로 배열되었다. 역동적인 윤곽, 끊임없는 움직임, 근육질의 틀과 울퉁불퉁한 정맥처럼 튀어나온 기둥은 힘, 에너지와 움직임을 위태롭게, 압축적으로 표현한다. 이는 권투선수나 보디빌더의 다듬어지고 연출된 포즈와 유사하다. 블레넘에는 원초적이며 감정적인 폭력이 있다. 이것은 순수한 연출과 개성의 건축이며, 그 규모에도 불구하고 우리는 가장 극적이면서도 가장 인간적인 스케일의 바로크 양식을 본다. 이러한 결정적인 업적으로, 그는 기사 작위를 받게 되었다.

이후 킹스 웨스턴(Kings Weston, 1719년)과 시턴 딜러벌(Seaton Delaval, 1728년)에서 시골 주택이 추가되었지만, 밴브루는 다시는 그 높은 수준에 이르지 못했다. 밴브루는 렌의 그리니치 병원(Greenwich Hospital)을 완공하고, 킹 윌리엄 블록(1702, 밴브루의 친구이자 긴 시간 전문적인 동업가인 혹스무어와 함께 성취했던 작품)에 추가하면서 전성기에 근접한 작품을 보여준다. 이 작품들은 블레넘의 원시적이고 압축적인 기념비성의 일부를 드러낸다.

밴브루의 삶은 모순의 삶이다. 공식적인 건축 교육 없이, 그는 영국 건축의 가장 위대한 작품 중 일부를 만들었다. 개신교 신자였음에도 밴브루는 캐톨릭의 충만함을 상징하는 건물들을 설계했다. 그의 사생활조차 역설적이다. 결혼을 방탕한 장난으로 묘사하는 외설적인 희곡을 썼음에도 불구하고, 밴브루는 55세가 될 때까지 결혼하지 않았고, 다른 기록에 따르면 7년 후 그가 죽을 때까지 행복한 결혼생활을 유지했다.

밴브루의 삶에 어떤 일관성이 있다면, 그것은 인간의 삶에서 핵심적인 특성인 드라마에 대해 타고난 이해를 보여준다는 점일 것이다. 대본이 되었든 돌이 되었든, 밴브루는 극에 생명을 불어넣었고, 그의 놀라운 건축에서 우리는 드라마를 시각뿐 아니라 촉각적으로도 감지할 수 있다.

존 내시

영국 1752년 – 1835년

대표작 :
버킹엄 궁전, 리젠트 스트리트, 마블 아치

건축 양식 :
신고전주의 양식/리젠시 양식

위쪽 : 존 내시

런던의 긴 역사를 통틀어, 도시의 불규칙하고 유기적인 패턴과 웅장한 도시계획이 성공적으로 결합한 것은 단 한 번뿐이었다.

렌은 1666년에 시도했지만 실패했다. 150년 후에 또 다른 건축가가 성공하면서 렌을 제외한 어떤 건축가보다 런던 중심부의 외관과 특성을 형성하는데 더 많은 일을 해냈다.

존 내시는 18세기 중반 팔라디오 주의를 대체한 영국 신고전주의 운동의 주요 인물이었다. 런던 남부에서 웨일스(Welsh) 목공의 아들로 태어나 15세 때 저명한 건축가 로버트 테일러(Robert Taylor)의 견습생으로 고용된 그는 곧 팔라디오 양식을 지지하던 스승의 엄격한 고전적 규칙에 싫증이 났다.

왼쪽 : 버킹엄 궁전. 정면은 다른 사람들에 의해 완성되었지만, 내시의 가장 유명한 작품으로 남아있다.

위쪽 : 런던의 리젠트 스트리트와 피커딜리 광장. 원안과는 많이 다르다. 내시가 원래의 계획과 배치를 맡아서 진행했다

영국에는 어디에든 적용 가능한 비트루비우스를 거쳐 전해지는, 고전으로 치부되던 고대의 일반적인 규칙을 따르려 하는 흐름이 있었다. 하지만 그 규칙은 팔라디오처럼 엄밀하고 정교한 수준에서 통제된 것은 아니었다. 그보다는 자유롭고, 가볍고, 더 극적인 것, 우아한 별장뿐만 아니라 산업혁명을 통해 등장한 더 큰 공공 건축에도 적용할 수 있어야 했다. 서양 문화는 우아함에 그치지 않는 웅장함도 갈망했다. 그래서 신고전주의 운동이 탄생했다.

내시의 초기 경력은 산발적이었고 대부분 성공하지 못했다. 부동산 투기에 실패한 후 31세의 나이에 파산하고 불명예를 안은 그는 웨일스(Wales)로 도망쳤다. 더 끔찍한 것은 산더미 같은 빚과 거짓 임신을 한 내시의 첫 번째 아내였다. 12년 후 런던으로 돌아온 내시는 그의 삶과 영국 건축의 과정을 바꿀 두 가지를 얻었다. 추후 영국 왕세자의 정부가 된 새로운 아내와 영국 건축 역사상 가장 성공적인 공공-민간 사업관계를 형성하게 될 미래의 왕과 쌓은 우정이었다.

나중에 조지 4세(George IV)가 된 섭정 왕자는 행실이 좋지 못했고 방종하며 방탕했다. 하지만 그는 패션,

위쪽 : 칼튼 하우스 테라스(Carlton House Terrace)는 내시의 이상을 대표한다.

스타일, 취향에 있어서는 시대의 기준을 제시했고, 예술과 건축 측면에서는 영국 최고의 왕실 후원자였다. 1806년부터 죽을 때까지, 내시는 런던을 장황하고 두서없는 르네상스 시대의 수도에서 세계 최대의 제국의 중심지로서의 지위에 걸맞은 훌륭한 대도시로 만들어야 하는, 세간의 질투를 부르는 과제를 안고 있었다.

이 계획의 중심은 결국 버킹엄 궁전(Buckingham Palace)에서 새롭게 형성된 리젠트 공원(Regent's Park)까지 뻗어 있는 거대한 제국식 도로인 비아 트리움팔리스(Via Triumphalis)였다. 이는 런던에서 성공적으로 실현된 유일한 공식적인 대규모 도시 계획이었다. 리젠트 가, 피커딜리 광장(Piccadilly Circus), 트라팔가 광장(Trafalgar Square), 워털루 플레이스(Waterloo Place), 리젠트 공원, 리젠트 운하(Regent's Canal), 마블 아치(Marble Arch), 로얄 헤이마켓 극장(Theatre Royal Haymarket), 클래런스 하우스(Clarence House), 칼턴 하우스 테라스(Carlton House Terrace), 버킹엄 궁전 등 내시의 비전이 얼마나 많은 유명한 건물과 공공공간들에 적용되었는지 알게 되면 놀라지 않을 수 없다.

버킹엄 하우스(buckingham House)는 1761년 조지 3세(George III)가 개인 가족 휴양지로 매입한 1703년 바로크 양식의 저택이다. 조지 4세는 이렇게 겸손한 건물을 받아들일 수 없었고, 그는 내시에게 제국 규모로 집을 재건하라고 지시했다. 현재의 궁전은 많이 바뀌었지만, 그 핵심은 내시의 U자형 평면배치와 호화로운 아파트 스위트룸으로 남아있으며, 대중의 의식에서 호화로운 가정생활을 위한 최종적인 기준이 되었다.

후원자의 이름을 따서 이름을 붙인 내시의 트레이드마크 리젠시 양식은 팔라디오 주의의 부활과 함께-영국에서 확립된-조지언 양식(Georgian style)에 대한 대응으로서는 마지막 순서에 놓일만한 양식이었다. 리젠시 양식은 고전적 형태를 고수하면서도 세련됨, 우아함, 장식을 강조했다. 내시의 건물들은 신고전주의적이지만 돔, 터릿, 첨탑과 조각상들 등 장난스럽고 독특하게 적용된 요소들과 그가 외부에 배치한 독특한 크림색 스투코(stucco, 치장벽토)로 신고전주의적 요소를 누그러트리는 기법을 썼다. 그 시대의 또 다른 위대한 영국의 신고전주의자인 존 소언(John Soane)과는 달리 디테일에 애를 쓰지 않았다. 대신 내시는 건물을 통해 누적되는 효과에 더 관심을 기울였다.

내시의 화려한 리젠트 공원 테라스(Regent Park Terraces, 1821-33)에서 이런 특징은 좀 더 명백하다. 이 작업에서는 내시의 또 다른 헌신, 픽처레스크(Picturesque)적인 낭만주의에 대한 열정을 볼 수 있다. 내시는 웨일스에 있는 동안 픽처레스크 운동에 노출되었다. 이 미적 운동은 본질적으로 건축이 아름다움을 창조하기 위해 자연과 긴밀히 할 것을 요구했다. 그것은 또한 빅토리아 시대의 예술과 문학을 지배하고 고딕 건축을 되살리는 낭만주의 정신과도 얽혀 있었다.

이에 부합하게 내시는 고딕 양식의 성을 설계하고, 세인트 제임스 공원(St. James's Park)을 일정한 양식을 따른 바로크식 정원에서 자연주의적인 배경으로 조경을 다시 작업했다. 브라이튼 파빌리온(Brighton Pavilion)에서는 극동의 신비로운 낭만주의에 경의를 표하는 양파형 돔과 미나렛으로 이루어진 환상적인 한판 잔치(orgy)를 만들었다. 그러나 리젠트 공원의 풍부한 자연경관을 배경으로 내시의 크림색 궁전 테라스를 배치하고, 리젠트 가의 축 변화를 넘어가기 위해 아름다운 쿼드런트(Quadrant; 사분원의 거리)를 고안함으로써, 그는 런던의 가장 기념비적인 도시 풍경 양상을 이상화하고, 이를 다시 자연주의적인 배경화(scenography)와 병치시킴으로써 인간화되고 극적인 장면을 부각하였다.

내시를 비방하는 사람들이 있었다. 조지 4세가 거의 인기를 끌지 못했다는 상황이 어느 정도 그에게 영향을 미쳤다. 내시는 온화하긴 하지만 교활하고 위선적이라는 평판을 받았는데, 아마도 질투심 많은 경쟁자들에 의한 고의적 명예훼손일 가능성이 있다. 그는 내시를 총애하던 후원자가 사망한 후 곧 병에 걸려, 빚에 시달리다 5년 후 카우스(Cowes)에서 사망했다.

건축과 도시계획이라는 규범에서 내시의 유산은 매우 뚜렷하고 뛰어나다. 그의 생각은 예상 밖의 장소인 파리에서 이어졌다. 1830년대에 나폴레옹 3세가 런던으로 망명했을 때, 그는 리젠트 공원과 웨스트앤드(West End)의 테라스에 경탄했고, 이것들은 결국 그와 오스망(Haussmann)이 30년 후 파리 제2 제국(Second Empire Paris)을 가로지르는 웅장한 도로들에 영감을 주었다. 내시의 에너지와 비전 덕분에, 가장 계획적이지 않은 수도 중 하나가 가장 계획적인 수도 중 하나를 만드는 데 이바지하게 되었다.

아래쪽 : 브라이튼 파빌리온(Bright Pavilion). 돔과 미나렛은 동양의 스카이라인을 영국에 이식했다.

존 소언

그의 위대한 경쟁자 존 내시와 함께, 소언은 영국 신고전주의 건축의 대단히 뛰어난 인물이다.

영국 1753년 – 1837년

대표작 :
잉글랜드 은행, 덜위치 미술관, 존 소언 박물관

건축 양식 :
신고전주의 양식

위쪽 : 존 소언

그의 작품 수는 내시보다 훨씬 적고, 지어진 작품 다수가 불행히도 철거되었지만, 역사는 소언이 좀 더 학문적으로 뛰어나다고 판단했다. 틀림없이 그의 작품은 세부적인 부분의 세밀함, 공간적 창의성, 신고전주의 시대를 정의하는 데 도움을 준 능숙한 독창성과 군더더기 없는 장식의 능란함, 그리고 현대의 관람객에도 특별한 매력을 계속 가지고 있다.

소언은 레딩(Reading)에서 변변치 않은 배경으로 태어났으며, 젊은 나이의 수습 건축가로써 1778년에 왕실 여행 장학금을 받게 되었다. 이 당시 영국에서 가장 많은 작품을 보여준 신고전주의 건축가 조지 댄스 2세(George Dance the Younger), 헨리 홀랜드(Henry Holland), 위대한 윌리엄 챔버스 경(Sir William Chambers) 세 명의 건축가를 접하게 되었다. 이후 2년 동안 소언은 동시대 사람들과 마찬가지로 이탈리아의 고대 유적지들을 둘러보는 그랜드 투어(Grand Tour)를 다녀왔고, 이 경험은 이후로도 그의 건축에 지속적인 영향을 미쳤다.

투어를 마치고 돌아온 후 그는 1780년대 중반 몇 차례의 전원주택 개조를 통해 자신의 입지를 다지려 하였지만 계속된 의뢰의 실패를 견뎌내야 했다. 그러던 소언의 운은 1788년에 극적으로 바뀌었다. 수상 윌리엄 피트(William Pitt)의 삼촌과 여행에서 맺었던 우정 덕분에 잉글랜드 은행 설계 위촉 과정에서 도움을 받았기 때문이다. 이 작업은 거의 반세기 후에 소언이 사망하기 직전까지 그의 밥줄이 된다.

잉글랜드 은행(Bank of England)에서 소언은 유럽에서 가장 위대한 신고전주의 양식의 실내 공간을 만들었다. 이 은행은 1694년 윌리엄 3세(William III)에 의해 세계 최초의 중앙은행으로 설립되었으며, 소언은 평생 건물을 완전히 재건하고 확장하여 오늘날 섬처럼 완결성을 갖춘 광대한 단지로 만들었다. 그는 은행 이곳저곳에 돔 형태의 은행 홀이 있는 멋진 스위트룸을 세웠는데, 건

아래쪽 : 덜위치 미술관. 근대건축을 시사하는 정면

물의 거대한 바닥면적 때문에 각각의 홀 다수는 천장 조명을 설치했다. 소언의 노련한 솜씨로 노출된 아치, 미묘한 채광, 고도로 통제된 장식을 보여주고 있다. 각각의 홀은 빛, 볼륨, 덩어리와 비워진 곳 사이의 복잡한 상호작용을 드러내면서, 순수하면서도 모범적 선례로 남을 만한 고전적인 실내공간을 조성한다.

소언이 잉글랜드 은행에서 한 작업 대부분은 1920년대와 1930년대 사이에 철거되었다. 근대 시기 고전주의 건축가였던 허버트 베이커(Herbert Baker)가 재건축을 주도했다. 은행 입장에서는 향후 경쟁력 확보를 위해서는 필요한 조치였지만, 소언의 작업에 비하면 다소 무신경해 보인다. 하지만 다행히도 소언이 은행에 추가한 가장 큰 작업이었던 외주부의 장막벽(screen)은 살아남았다. 이 가림벽은 장관을 이루며 상징적으로 은행 주변의 모든 영역을 둘러싸고 있다. 이것은 거대한 고전적 자신감과 통제력을 지닌 작품이며, 거대하면서도 최고로 우아한 신고전주의로 무장한 요새같은 분위기를 전달한다. 이 작품은 창문이 없는 거대한 확장부가 실내에서 관입의 시선을 제한하지만, 뚫린 개구부들의 리듬감과 정교한 솜씨, 벽체 하단부의 거친 러스티케이션, 화려하게 장식된 이오닉 기둥을 후퇴시켜 만든 장엄한 외주부 가림벽에서 보이는 섬세한 접근으로 활기가 넘친다. 잉글랜드 은행은 소언의 으뜸가는 걸작이다. 이 작품은 이후 150년 동안 전 세계의 수많은 은행 건물들에 적용되었던 고전적인 모범사례의 정립에 이바지했다.

소언은 잉글랜드 은행에서 채택한 설계 접근방식을 다른 소규모의 작업에서도 더 정교하게 활용했다. 소

왼쪽 : 잉글랜드 은행. 현재 그의 작업은 1층 장각벽만 남아 있다.

오른쪽 : 잉글랜드 은행 내. 로스베리 중정(Lothbury Court)을 묘사한 판화

오른쪽 아래 : 국가에 상속된 소언 박물관

언은 당대의 선지자였으며 양식을 다루는 데 놀랍도록 능수능란했다. 잉글랜드 은행 말고도 그의 작품 대다수가 이를 증명한다. 피츠행거 저택(1804)과 소언 박물관(Sir John Soane Museum, 1812)은 둘 다 본인의 집으로 쓰기 위해 진행한 작업이다. 여기서 소언은 고대 그리스 양식에 대한 열광적인 헌신을 보여준다. 하지만 덜위치 미술관(Dulwich Picture Gallery, 1815)과 런던 동부의 성요한 교회당(St. John's Church, 1828)은 양식의 활용이 완전히 다르다. 이 작업에서 소언은 거의 근대건축처럼 보일 정도로 장식을 덜어내면서 고전적인 육면체를 연출하였다. 분명 신고전주의자였겠지만, 항상 양식 그 자체를 고수하기보다는 표면의 특성을 더욱 중요시했기 때문이다.

소언은 또한 건축 도해에 있어서 탁월한 선견지명이 있었다. 자신의 경력의 많은 부분에서 소언은 위대한 예술가 조셉 갠디(Joseph Gandy)와 협업하는 행운을 누렸다. 갠디는 소언의 건축되거나 지어지지 않은 많은 프로젝트를 황홀하게 낭만적인 폐허(ruins) 혹은 아르카디아(Arcadia) 풍경에 둘러싸인 것으로 묘사했다. 그의 천재성에도 불구하고, 소언은 그의 긴 생애의 대부분을 편집증과 분노로 보냈다. 아마도 그의 그랜드 투어 이후 오랜 기간 불운과 장남과의 관계 악화가 영향을 미쳤을 가능성이 있다. 그는 출판물에서 아버지 소언의 명예를 훼손하고 소언 박물관을 정부에 넘기려는 것을 법적으로 막으려 했다. 하지만 소언의 유산은 살아있다. 그랜드 투어를 위해 받아 오늘날까지 이어지고 있는 왕립 영국 건축가 협회(Royal Institute of British Architects)에 기부한 장학금에서부터, 그의 개척정신 넘치며 시대를 앞서갔고 결국에는 근대 건축으로 이어지게 될 눈부신 사유에까지 우리는 그의 유산을 누리고 있다.

조지 길버트 스콧

영국 1811년 – 1878년

대표작 :
세인트 판크라스 역,
앨버트 기념비, 영국 외무성

건축 양식 :
고딕 리바이벌 양식

위쪽 : 길버트 스콧

조지 길버트 스콧은 아마도 세계 최초의 세계주의(Globalist) 건축가였을 것이다.

스콧은 그의 작품 대부분이 있는 영국에서 800개가 넘는 건물을 설계했다. 이외에도 독일, 남아프리카, 캐나다, 뉴질랜드, 중국과 인도의 주요 작품들을 담당했다. 그러나 그가 주로 기억되는 것은 그의 비범한 국제주의(internationalism) 때문이 아니라 빅토리아 시대와 동의어이자 엄청난 수의 건물에 영향을 미친 고딕 리바이벌 양식을 구체화했기 때문이다.

스콧의 영웅은 비극적인 오거스터스 웰비 퓨진(Augustus Welby Pugin)이었다. 퓨진은 1835년부터 영국에서 고딕 리바이벌 양식의 원동력이 되었다. 이 시기에 퓨진은 고전주의자인 찰스 배리(Charles Barry)와 함께 새로운 영국 국회의사당(House of Parliament)을 그 시대의 최고의 신고딕(Neo-Gothic) 양식의 건물로 설계했다. 고딕의 부흥은 18세기 후반부터 유럽 전역에 퍼지고 있었지만, 영국 빅토리아 시대에 이르러서는 종교적 신실함을 주장하는 편리한 문화적 수단으로 활용되고 있었다. 특히, 성장하는 제국주의 권력과 중세의 기사도적 가치에 영감을 받은 낭만적인 국가관이 생겨나면서 견인력을 확보하게 되었다. 그러나 1852년 퓨진은 불과 40세의 나이에 자살했고, 고딕 리바이벌 양식은 스콧에게—어쩔 수 없이—새로운 영웅의 역할을 맡겼다.

스콧은 가난한 버킹엄셔 성직자와 그의 아내 사이에서 태어난 13명의 아이 중 하나였다. 한미한 출신인데다가 정식 건축 교육도 받지 못했지만, 스콧은 근면과 결단력을 통해 19세기 중반 영국의 빅토리아 시대에서 가장 큰 건축 실행 방식을 확립했다. 고딕 리바이벌 건축으로 보면 전형적이지만, 그의 작품 대부분은 교회였다. 그가 맡은 의뢰는 청교도적 미덕을 가진 빅토리아 시대의 집착과 종교개혁 이전의 교회 중심주의에 생명을 불어넣었다.

따라서 스콧의 모든 종교 건축물은 뾰족아치, 장미창, 피나클(pinnacle)과 첨탑(spire), 박공벽(gable end)과 수직성에 대한 강한 강조를 이곳저곳에 쓰면서, 중세 고딕

위쪽 : 세인트 판크라스 역의 고딕 양식의 첨탑과 붉은 벽돌

양식이라면 의례 예상할 수 있는 디테일을 갖추고 있다. 그러나 스콧은 붉은 벽돌과 나무로 갤러리(gallery, 2층 복도)를 만들거나, 플라망, 비잔틴 양식, 피렌체 파의 양식과 신 고딕 양식을 혼합하거나, 산업화를 고려한 새로운 시공 과정을 시도하는 등, 빅토리아 시기에 일어난 최신의 변화를 건축 안에서 통합한 까다로운 혁신가였다.

그래서 어떤 사람들은 퓨진에게 있었으나 스콧의 종교적인 고딕 양식에선 부족해 보이는 것을 찾으려 했다. 그들이 보기에 스콧의 고딕은 기계론적 엄격함을 통해 효율적이기는 했지만, 중세의 선례들이나 퓨진의 작업만큼 영적으로 따뜻하게 느껴지지 않았다. 그러나, 웨스트민스터 사원의 북쪽 트란셉트(1880-90), 에든버러의 세인트 메리 대성당(1874-79), 함부르크 니콜

위쪽 : 1873년 이후 런던 화이트홀의 외무부 서쪽 정면. 세인트 제임스 공원(St James' s Park)의 호수에서 바라본 건너편

라이 교회(Hamburg Nikolaikirche,1845–80;잠시 동안 세계에서 가장 높은 건물이었다)와 같은 스콧의 최고의 기독교 작품에서, 스콧은 고딕 양식의 핵심적 계율을 극도로 뛰어난 솜씨로 보여준다.

스콧은 당시 일부 고딕 부흥론자들에게 논란을 일으켰다. 그는 고딕 양식이 종교적인 건물에만 국한되어서는 안 된다는 신념을 열정적으로 표현했다. 그리고 스콧의 가장 최고의 작품 중 일부는 세속적인 기능에 고딕 양식을 적용했을 때 나타났다. 중세 시대 성지위 성공적으로 성기 빅토리아 시대(High Victorian)를 체화시킨 앨버트 기념비(Albert Memorial, 1862-72), 글래스고 대학(University of Glasgow) 본관(1870), 그리고 그의 최고 걸작인 세인트 판크라스 역(St. Pancras Station)이 적절한 예가 될 것이다.

세인트 판크라스 역사는 영국의 성기 빅토리아 시대 고딕 양식의 예들 가장 위대한 작품 중 하나로 남아있다. 거대한 규모, 중세를 떠올리게 하는 화려한 디테일과 더불어 가장 인상적인 것은 첨탑, 굴뚝, 피나클로 이뤄진, 극도로 낭만적인 지붕 풍경이었다. 스콧은 현대 공공건물에다 환상적인 요소를 더하면서 고딕 양식으로 성공적으로 재현했다. 실내에서도 혁신적 조치를 단행하여 콘크리트 바닥, 방화 시공, 회전문을 적용했다. 이 건물은 스콧의 경력의 다른 뛰어난 작품 중 하나와 궤적을 공유한다. 런던의 화이트홀에 있는 영국 외무성(Foreign & Commonwealth Office, 1868–73) 역시 호화로우면서도 고전적인 건물이다. 이 작품에서도 퓨진은 능수능란하게 양식을 다루고 있다. 그뿐 아니라, 이 건물을 기획하는 과정에서 외무성 측에서 고딕적인 특징이 드러나는 계획을 거절하자, 세인트 판크라스의 원안을 재활용했다. 이를 통해 스콧의 놀라운 성공이 이념적

왼쪽 : 스콧이 설계하고 1838년부터 1843년까지 지어진 16세기 옥스퍼드 순교자들을 기념하는 순교자 기념비(Martyr' s Memorial)의 꼭대기를 올려다본 사진

위쪽 : 주변의 정교한 장식 솜씨와 극적인 첨탑 꼭대기인 앨버트 기념비는 고딕 리바이벌의 전형이었다.

인 실용주의를 발휘하였기에 가능했음을 알 수 있다.

스콧의 성공은 사후에도 오래도록 지속되었다. 스콧이 영국의 모습을 바꾼 건축의 왕조를 열었기 때문이다. 스콧의 아들 존 올드리드 스콧(John Oldrid Scott)은 많은 작품을 설계한 교회 건축가이며, 그의 손자 자일스 길버트 스콧(Giles Gilbert Scott)은 리버풀 성공회 교회(Liverpool Anglican Cathedral), 배터시 발전소(Battersea Power Station), 뱅크사이드 발전소(Bankside Power Station; 현재 테이트 모던(Tate Modern)), 워털루 다리(Waterloo Bridge)와 상징적인 K-시리즈 빨간 공중전화 부스를 설계했다. 그의 증손자 리처드 길버트 스콧(Richard Gilbert Scott)은 런던의 길드홀(Guildhall)에 중요한 증축을 맡아 진행하였다. 한명 더, 스콧의 종손녀 엘리자베스 스콧(Elisabeth Scott)은 20세기 중반의 가장 중요한 여성 건축가 중 한 명이었다.

다니엘 번햄

미국 1846년 – 1912년

대표작 :
플랫아이언 빌딩, 워싱턴 DC
유니언 역사(Union Station Washington DC),
랜드 맥널리 빌딩

건축 양식 :
보자르(Beaux Arts)

위쪽 : 다니엘 번햄

다니엘 번햄은 미국 최초의 위대한 건축가는 아니었다. 18세기 후반과 19세기 초에 토머스 제퍼슨(Thomas Jefferson), 벤저민 러트로브(Benjamin Latrobe)와 찰스 불핀치(Charles Bullfinch)는 모두 미국의 혁명적 식민지에서 독립국으로의 놀라운 변화를 이끌었고, 그들 모두는 미대륙의 아크로폴리스, 미국의 수도, 워싱턴 DC에 그들의 흔적을 남겼다.

그 뒤에 위대한 건축가 헨리 홉슨 리차드슨(Henry Hobson Richardson)은 로마네스크 양식을 독창적으로 미국화하였다.

그러나 번햄은 유럽의 양식, 특히 영국과 프랑스 스타일의 단순한 융합이 아닌, 미국 고유의 건축 양식을 정의하기 시작한 최초의 미국인 건축가였다. 그렇다, 번햄은 19세기 중반부터 제1차 세계 대전까지 미국 건축을 지배하게 된 보자르 전통의 강력한 주창자였다. 그러나 번햄은 시카고 학파(Chicago School of architecture)초기에 영향력을 발휘하고, 미국의 여러 도시를 계획하는 마스터플랜에 기여하며, 미국의 백화점 디자인에 특허를 취득하고, 가장 극적으로 세계 최초의 철골 마천루의 공동제작에 참여했다. 이를 통해 번햄은 미국 건축을 그 자체로 뚜렷하며, 자랑스러운 문화적 힘으로 정립하였다.

뉴욕주에서 태어난 번햄은 8살 때 자신의 주된 건축 경력을 이끌어갈 도시로 이사했다. 시카고에서 제도사(draughtman)로 건축 분야에 뛰어들기 전에도 약사, 창구 판매원, 황량한 서부 지역(Wild West)의 금 채굴자, 주의회 출마를 포함해 놀라울 정도로 다양한 직업을 경험했다. 마침내 그의 나의 26세에 건축가로 정착하였고, 이후 기업가 정신을 발휘하여 매우 성공적인 경력을 쌓게 된다.

1873년 번햄과 그의 친구 존 루트(John Root)가 함께 일을 시작하여, 이후 10년 동안 시카고학파의 동의어가 되었다. 시카고학파는 철골 구조와 고층 상업 빌딩에 몰입한 도시적 건축 양식으로, 유럽에서 새로 등장

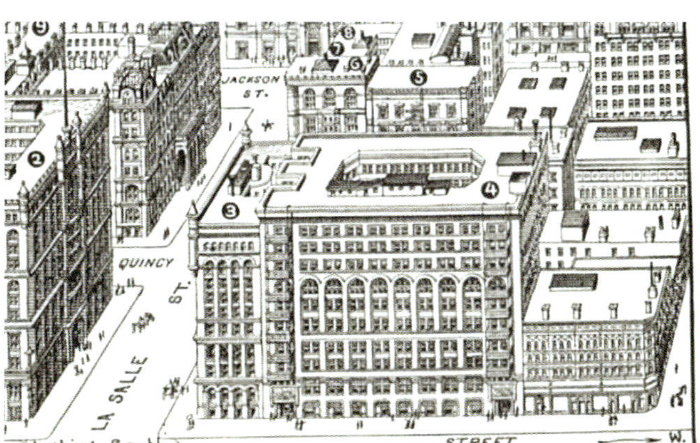

왼쪽 : 랜드 맥널리 빌딩 도면; 건물은 1911년에 철거되었다.

오른쪽 : 뉴욕 플랫아이언 빌딩의 좁은 옆모습

한 모더니즘 건축의 사유를 느슨하게 반영했다. 번햄과 루트는 1886년에 130미터(426.5피트) 높이의 몬탁 빌딩(Montauk Building)을 지었고, 140미터(459피트) 랜드 맥널리 빌딩(Rand McNally Building, 1890)을 세계에서 가장 높은 철골 마천루로 지으면서 역사가 되었다. 하지만 이듬해 루트가 폐렴으로 인해 비극적으로 사망하자, 번햄은 미국에서 가장 큰 건축물을 지은 회사의 대표로 회사의 책임자가 되었다.

루트가 죽기 얼마 전, 번햄은 경력의 가장 중요한 의뢰가 될 1893년 만국 박람회와 관련된 일을 하고 있었다. 만국 박람회의 전통은 1851년 영국의 대박람회로 시작되었고, 시카고 박람회는 세계 최대 규모의 전시를 기획하고 있었다. 번햄은 거대한 규모로 계획된 기념비적인 대로, 푸르른 정원과 반짝이는 호수로 구분된 박람회 부지에서 거대한 돔의 보자르식의 고전적인 건물들을 설계했다.

이 박람회는 향후 수십 년 동안 미국 기업들이 합리화된 신고전주의의 기념비적인 건축물을 떠올리는 건물을 요구하는데 큰 영향력을 발휘했지만, 위대한 건축가이자 번햄과 빈번하게 경쟁하던 모더니즘 건축가 루이스 설리번(Louis Sullivan)은 박람회를 부정적으로 평가했다. 그는 무미건조하고 덜 관대한 태도로 '만국 박람회가 초래한 피해는, 반세기 이상은 지속되지 않을 것' 이라고 비꼬았다. 그리고 이는 사실이 아니었다. 설리번의 경력은 상업적으로 번햄의 최고점에 도달하지 못했기 때문에, 설리번의 말에는 적지 않은 스타일 상의 편견과 직업적인 분노가 있다. 그러나 번햄을 고전적인 아첨꾼으로 묘사하려고 시도하면서, 설리번은 번햄을 실용주의자라기보다는 이데올로기를 전파하려는 이로 잘못 묘사했다. 번햄은 적절한 경우 보자르 미학을 받아들였지만, 그의 마천루가 증명했듯이, 필요하다면 방식을 가리지 않고 기꺼이 모더니즘적인 요소를 개입시켜 통합하면서 작업을 진행했다.

이러한 소질은 번햄의 후기 작품들 중 많은 부분에서 입증되었다. 그의 가장 유명한 마천루인 뉴욕의 플랫아이언 빌딩(Flatiron Building, 1902)은 좁은 삼각형 쐐기모양의 땅에 위태롭게 이태리식 팔라초를 밀어 넣고 철골을 사용하여, 사람들을 아찔하게 만들며 22층까지 올라갔다. 이 외에도 번햄은 백화점을 현대의 미국 소비지상주의의 상징으로 재창조하였고, 1909년 런던의 셀프리지(Selfridge's)를 포함하여 전국과 그 밖의 다수의 보자르 상점을 설계하면서 내부 아트리움이나 1층의 전면 유리 진열대와 같은 매우 성공적인 혁신을 도입하였다. 설리번이 그를 '거대한 장사치'라고 경멸적으로 비방했지만 말이다.

번햄은 또한 다작하는 도시 설계자로 1900년대에 시카고, 워싱턴 DC, 샌프란시스코(San Francisco)와 심지어 마닐라(Manila)를 위한 도시계획을 세웠는데, 이 계획들은 합리적이고 조경 질서가 반영된 도시미화운동을 긍정하는 작업이었다. 이들 작업은 향후 수십 년 동안 미국 전역과 그 너머에서 무분별한 도시의 성장을 통제하는 원칙을 촉진하는 데 큰 영향을 미쳤다. 문화적으로 16세기는 스페인, 17세기는 프랑스, 그리고 19세기는 영국의 세기였다. 번햄은 20세기를 미국의 세기로 만드는 건축적 토대를 마련하였다.

왼쪽 : 워싱턴 DC에 있는 그랜드 유니언 역사의 인상적인 내부

아래쪽 : 런던의 셀프리지는 번햄이 설계한 많은 보자르식의 상점 중 하나

안토니 가우디

때때로 위대한 건축가는, 유형을 완전히 무시하는 괴짜, 수수께끼 같은 천재의 모습으로 나타난다.

스페인 1852년 – 1926년

대표작 :
사그라다 파밀리아 성당,
카사 밀라, 구엘 공원

건축 양식 :
모더니즘

위쪽 : 안토니 가우디

일부는 가우디를 카탈루냐 모더니즘의 지주로 간주하고, 다른 일부는 스페인 아르누보의 사용자로 간주한다. 일부는 심지어 그를 성기 빅토리아주의, 바로크 모더니즘, 또는 더 난해하게 유기적 신비주의의 옹호자로 언급하기도 했다. 사실 가우디는 이 모든 주장의 요소들을 가지고 있었지만, 그의 모든 작품을 정의하는 한 가지 특징이 있었다. 불변하고, 독특하고, 창의적이고, 독창적이며, 당당한 개인주의적인 스타일이었다. 그의 작품들은 또한 카탈루냐의 정체성과 같은 뜻을 가지게 되었고, 그의 고향이자 뮤즈였던 도시 바르셀로나의 특징에 크게 기여했다.

안토니 가우디는 스페인 북동부 카탈루냐 지방의 레우스(Reus)에서 태어났다. 어렸을 때부터 그는 평생 건강문제로 고민하게 될, 허약한 체질에 시달렸다. 어린 시절의 긴 시간을 가족의 여름 별장에서 쉬면서, 그는 소문에 의하면 몇 시간씩 나무와 풍경들을 생각하면서 그의 건축의 결정적인 특징이 될 자연과의 강한 연결을 형성하였다고 전해진다. 나중에 바르셀로나 건축학교에서 그는 일관성은 부족했더라도 재능 있는 학생이었으며, 1878년 교장은 '미친 사람 또는 천재'에게 학위를 수여했는지 궁금해했는데 이만큼 가우디의 예술적인 특징을 잘 보여주는 표현도 드물다.

가우디는 바르셀로나의 공공공간을 위한 정교한 아르누보 식의 가로등 기둥과 신문 가판대를 설계하기 시작했다. 아르누보는 국제적인 양식으로 원래 1880년대 영국에서 예술과 공예 운동의 고도로 유기적이고 자생적인 변종으로서 처음 발달했으며, 가우디의 자연주의

위쪽 : 사그라다 파밀리아 성당은 가우디의 걸작이었던 미완성 대성당이다.

적인 공감과 완벽하게 일치했다. 그것은 또한 가우디의 불굴의 비정통적인 건축 정신이 나타나는 바르셀로나 벽돌과 타일 제조업자의 집인 그의 첫 번째 주요 프로젝트에서도 눈에 띈다.

까사 비첸스(Casa Vicens)는 반쪽의 진저브레드 케이크, 반쪽 빌딩, 이색적이고 형형색색의 다채로운 타일로 덮인 끝이 뾰족한 로지아로 새기고, 무늬가 있는 세라믹 타일 패턴으로 엮은 리본으로 포장한 저택이다. 가우디가 그의 경력 동안 내내 보여준 절충주의는 주로 아르누보, 무어 양식과 자연 등 다양한 요소에 더해, 모든 것이 뒤틀리고, 변화무쌍하며, 강렬하기 그지없는 색, 재료, 윤곽과 패턴의 광적인 적용 속에서 만화경을 들여다보거나 질펀한 잔치를 벌이는 듯한 특징에서 뚜렷하게 드러난다. 이러한 풍부한 양식적 영향들을 자유분방하게 혼합하는 특징은 가우디의 경력 내내 지속되었고, 그는 일상적으로 고딕 양식과 오리엔탈 양식에, 그의 말년에는 초자연주의적인 장식과 형태에서 영감을 얻었다. 후기 작업으로는 동굴과 같은 벌집인 카사 밀라(Casa Milà, 1906–12)와 재건된 까사 바뜨요(Casa Batllo)(1904–6)가 눈에 띈다.

카사 비첸스는 가우디의 이후 건축물을 위한 독특한 주제를 잡아주는 역할을 했다. 이들 중 많은 건축물은 그의 가장 열렬한 후원자인 카탈루냐 사업가 에우세비 구엘(Eusebi Güell)이 의뢰했다. 그가 구엘을 위해 진행한 프로젝트들은 상당수 걸작으로 마무리되었다. 특히 구엘 공원(Parc Güell, 1914)과 콜로니아 구엘(1898-1914)은 가우디가 자연주의와 장난기의 절정을 이루며 정신없는 색채, 유기적 형태와 대담하게 불가능한 포물선 기하학으로 가득 찬 서글픈 꿈같은 구조물을 만드는 모습을 보여준다.

가우디의 트레이드마크인 자연주의적인 친밀감과 양식적 절충주의 외에도 그의 작품을 정의하는 두 가지 요소는 종교적 상징주의와 구조적이고 물질적인 표현이다. 두 가지 모두 그의 가장 위대한 작품인 사그라다 파밀리아(Sagrada Familia) 성당에서 숭고한 결실을 맺었다. 가우디는 평생 신앙심이 깊은 사람이었는데, 74세의 나이에 저녁 예배를 드리러 가다 전차에 치인 후 단정하지 못하게 흐트러지고 알아보는 이 없이, 엄청난 치욕 속에서 세상을 떠났다. 그는 일하는 동안 많은 예배당과 교회들을 설계했지만, 그중 어떤 것도 1883년부터 죽을 때까지 진행했지만 완성되지 못한 유명한 교회보다 중요할 수는 없다.

사그라다 파밀리아 성당은 걸작이다. 환상적이고 터무니없으며 완전한 영감을 제공한다. 하지만 그것의 창작자와 마찬가지로 유형을 묘사하기 어렵다. 부분적으로 고딕 양식, 유기적이고 원뿔형의 구멍이 숭숭 나 있는 탑과 거친 절벽면은 거칠게 깎인 설탕 코팅을 한 석조 조각의 더미로 외부에 세계를 드러낸다. 조각된 아치형 천장 쪽으로 기울어진 형형색색의 홀쭉한 기둥의 숲속에서 우리는 교회 내부가 광활한 천상의 암굴처

왼쪽 : 환상적인 구엘 공원의 입구

위쪽 : 가우디가 바르셀로나에 베푼 건축적 은혜를 보여주는 아파트 중 하나인 카사 밀라. 위에서 바라본 풍경

오른쪽 : 가우디의 또 다른 깜짝 놀랄만한 독특한 아파트인 까사 바뜨요(Casa Batllo). 창문 디테일

럼 활기를 불어넣어 묘사되는 것을 볼 수 있다.

그러나 가우디의 분명한 난리법석에는 나름의 방법론이 있다. 그는 완벽한 구조적인 균형, 나무와 같은 즉 지지대 없이 홀로 서 있는 구조 이론을 완성하는데 몇 년의 시간을 보냈다. 추력과 힘이 작용하는 것을 이해하고 그에 따라 기하학, 재료, 크기를 보정함으로써 가우디는 그의 구조물을 기타에서 잡아당기는 끈처럼 구부리고, 기울이고, 파문처럼 번지고, 방향을 바꾸게 할 수 있었다. 모든 가우디의 초기의 자연주의에서는 독특한 현대적이고 표현적인 구조적 유용성에 대한 접근법으로 나타난다. 그리고 그의 놀라운 미완성 성당에서, 구조에 대한 가우디의 해법은 스페인의 가장 위대한 건축가에 어울리는 기념물을 형성한다.

루이스 헨리 설리번

미국 1856년 – 1924년

대표작 :
웨인라이트 빌딩(Wainwright Building), 개런티 빌딩, 카슨 피어리 스콧 빌딩

건축 양식 :
모더니즘

위쪽 : 루이스 헨리 설리번

모더니즘의 창시자 중 한 명으로 인정받는 루이스 설리번은 가장 미국적인 건축 양식인 마천루를 만든 것으로 널리 여겨진다.

아래쪽 : 미주리주 세인트루이스에 있는 웨인라이트 빌딩은 더 현대적인 마천루들로 둘러싸여 있었다.

이를 통해 그는 19세기 말과 20세기 초의 건축과 공학 혁신의 온상으로써 시카고학파를 정립하는 데 초기부터 이바지했고, 시카고의 1892년 높이 제한 타이틀을 뉴욕에 실질적으로 넘겨주기 훨씬 전에 시카고라는 젊은 도시를 국제적인 명성으로 끌어올리고 마천루의 정신적 고향으로 자리매김했다.

비록 비트루비우스 덕으로 돌렸지만, 설리번은 역사상 가장 유명한 건축적 격언 중 하나이자 모더니즘 건축 전반에 대한 이념적 표제어인 '형태는 기능을 따른다'라는 표현을 쓴 것으로도 유명하다. 따라서 설리번은 유럽과 미국의 미래 모더니스트 건축가들, 특히 그의 제자인 프랭크 로이드 라이트(Frank Lloyd Wright)에게 가장 큰 영향을 미쳤다.

설리번은 젊은 시절부터 건축 신동이었던 것이 분명했다. 보스턴에서 스위스계 아일랜드인 이민자들 사이에서 태어난 그는 겨우 16살에 저명한 매사추세츠공과대학교에 입학했다. 1871년 시카고 대화재로 촉발된 건축 붐에 이끌려 1년 뒤 시카고로 이주했다. 그는 결국 그의 인생의 나머지를 일하게 될 회사 "아들러와 설리번"의 동업자가 되었다.

시카고에서 힘을 얻고 있는 광범위한 트렌드의 일부인 고층 건물에 관한 설리번의 집착은 1857년 엘리샤 오티스(Elisha Otis)가 승객용 승강기를 발명하고 처음으로 고층 건물을 가능하게 했다. 19세기 후반 가격을 낮춘 강이 개발된 것도 중요한 배경이다. 내부 철골조가 건물 하중의 외부 벽을 지탱할 수 있는 새로운 종류의 구조적 해결책을 조성하고 자금을 조달하는 데 도움이 되었기 때문이다.

설리반의 별명이 '마천루의 아버지' 임에도 불구하고, 일반적으로 세계 최초의 마천루로 여겨지는 1885년 시카고의 홈 인슈어런스 빌딩(Home Insurance Building)은 윌리엄 르 바론 제니(William Le Baron Jenney)가 만든 것이다. 마찬가지로 당시 시카고의 가장 높은 건물인 몬탁과 맥널리 빌딩(후자는 세계에서 가장 높은 철골 마천루가 되었다)은 시카고에서 설리반의 대단한 경쟁자였던 다니엘 번햄에 의해 지어졌다.

그러나 설리번은 역사적 관점에서 보았을 때 마천루 전통에서 좀 더 중요한 위치에 있다. 그가 마천루를 처음 건설했거나 그의 마천루가 가장 높았기 때문이 아니라, 그의 마천루가 강력하고 시적으로 마천루 디자인의 본질적 정신을 불러일으켰기 때문이다. 설리번의 높은 건물들, 예를 들면 세인트루이스의 웨인라이트 빌딩(Wainwright Building, 1891)과 버펄로의 개런티 빌딩(Guaranty Building, 1896)은 기둥과 뾰족한 고딕 양식의 아치 방식으로 시선을 위로 투사하기 위해 9층 또는 10층까

왼쪽 : 약 1920년대에 사진을 찍은 일리노이주 시카고에 있는 카슨 피어리 스콧 빌딩(Carson Pirie Scott Building)

오른쪽 : 1896년에 완성된 뉴욕주 버펄로에 있는 개런티 빌딩

오른쪽 아래 : 개런티 빌딩 내에 있는 내부 계단

지 연속적으로 뻗어 끊기지 않는 구멍이 난 베이를 사용하여 수직의 공격적이고 솟구치는 건축을 구현했다.

내부 철골에 의한 하중 지지 역할로부터 자유로운 외부 입면과 함께, 설리번은 역사적 양식의 구조적 제약으로부터 해방된 새로운 고도의 언어를 개발하였다. 따라서 그의 격언처럼, 설리번은 내부(구조적) 기능의 더 단순하고, 더 명확하고, 더 정직한 외부 표현을 창조했다. 내부의(구조적) 기능이 허락한 혁명적인 미학적 자유에서 우리는 모더니즘의 씨앗을 발견한다.

설리번의 작품에서 영감을 받은 이후 모더니즘 건축가들이 가진 오해의 핵심은 설리번이 구조적이고 부피감 있는 명료함과 단순함에 대한 찬미에서 장식을 거부했다는 것이다. 장식에 대한 거부는 모더니즘의 가장 중요한 교리를 형성하였고, 이후 많은 논란과 문화적 분노를 불러일으켰다. 그리고 그것은 설리번의 작품에 대한 근본적인 오해에서 비롯했다.

젊은 시절에 시카고로 이주한 후, 설리번은 파리의 유명한 에콜 데 보자르에서 훈련을 받았다. 번햄과는 달리, 설리번은 결코 그 스타일을 이념적으로 쓰지는 않았다. 보자르적인 훈련은 설리번에게 장식의 힘에 대한 기초를 주었고, 그는 여생 동안 장식의 힘에 매료되었다. 그래서 설리번의 건물들은 종종 삭막한 획일적인 엄격함을 보여주지만, 그것들은 생생한 다양한 재료들로 장식되어 섬세하게 꾸며졌다. 시카고 로스차일드 빌딩(Rothschild Building, 1881)에 정교하게 부각된 주철로 만든 부조에서부터 아이오와주 그리넬(Grinnell, Iowa)에 있는 상인 국립 은행(Merchants' National Bank, 1914)의 엄격한 건축물 입구 주변에 있는 유사 프리메이슨 장식

의 카르투슈 석조물의 화려한 표현에 이르기까지, 설리번이 장식을 거부하지 않았다는 점은 분명하고 다양하게 확인된다.

마찬가지로, 설리번은 자신의 고층 건물들을 맨 아래 부분, 중앙, 꼭대기 세 볼륨을 수직적으로 쌓고, 그것들을 구별하기 위해 미묘하게 다른 장식을 사용한다. 그는 구조와 장식의 전형적인 혼합의 수직 배열인 고전양식의 기둥 오더를 모방하고 있었다. 비트루비우스와 팔라디오처럼, 그리고 그를 따르는 많은 모더니즘 건축가들과는 달리, 모더니즘의 창시자는 진보가 과거를 거부하는 것뿐 아니라 과거를 다시 포장하는 문제라는 것을 충분히 이해할 만큼 선견지명이 있었다.

프랭크 로이드 라이트

미국 1867년 – 1959년

대표작 :
낙수장, 존슨 왁스 본사,
뉴욕 구겐하임 미술관

건축 양식 :
모더니즘

위쪽 : 프랭크 로이드 라이트

프랭크 로이드 라이트는 지금까지 가장 위대한 미국 건축가인가. 그렇다 해도 과장은 아니다.

그가 73년이라는 놀라운 경력 동안 설계한 1000여 개의 구조물 중 절반 이상이 지어졌다. 2000년 미국건축학회 총회에서 선정한 20세기의 가장 위대한 건물 10개 중 그의 건물은 1위인 낙수장을 포함해 4개가 선정되었다. 그의 작품은 미국 건축에 혁신을 일으키고 모더니즘을 20세기의 기본 양식으로 굳히는 데 기여했다. 또한 유럽 모더니즘에 심오하고 전례 없는 영향을 미쳤으며, 윌렘 두독(Willem Dudok), 발터 그로피우스(Walter Gropius)와 같은 사람들, 그리고 데 스틸에 영감을 주었다. 라이트의 명성은 건축가로서 이례적으로 대중문화에 스며들었고 연극, 오페라, 노래로 불멸의 삶을 살아왔다.

라이트의 천재성 중 하나는 모더니즘의 다양한 대체적인 운동에서 활동하면서 뚜렷한 미국적 언어를 유지하고 자신만의 모방할 수 없는 양식을 표현하는 능력이었다. 그 스타일은 자연과의 밀접한 관계, 재료 혁신에 대한 두려움 없는 접근과 기하학적인 순수성에 대한 거침없는 추구에 초점을 맞췄다. 그렇긴 하지만, 젊은 시절 튜더와 퀸 앤 양식의 주택을 완성했던 건축가 한 명이 구겐하임(Solomon R. Guggenheim Museum, 1943-59)과 존슨 왁스(Johnson Wax HQ, 1936-39)와 같은 초현대적인 건물들을 설계했다는 사실을 받아들이기는 쉽지 않다. 그리고 이 자체가 건축가로서 라이트의 남다른 독창성과 재주에 대한 증거이다.

라이트는 모더니즘 건축가이다. 그의 건물들이 기능적으로 엄격하게 명료함을 유지한다는 의미에서 그러했

위쪽 : 20세기의 가장 위대한 건축물 중 하나로 여겨지는 낙수장

왼쪽 : 녹지 안에 있는 낙수장의 또 다른 풍경

다. 젊은 시절에는 자신의 우상이자 초기 멘토였던 루이스 설리번의 사무실에서 일했다. 그러나 그는 특히 설계한 여러 주택의 실내 공간에 장식이나 천연 재료를 풍부하게 사용했으며 이를 피하지 않았다. 이를 통해 따뜻함과 친밀감을 그의 모더니즘 건축물에 불어넣었다. 라이트는 불륜, 두 번의 이혼을 통해 일곱 명의 자녀를 보았고, 그가 고용한 피고용인이 라이트의 아이오와 자택에서 일곱 명을 살해하는 등 굴곡진 삶을 버텨야 했던, 오만하며 고집 세고 권위주의적인 인물이었다.

설리번 이외에는, 라이트는 다른 사람의 영향을 거의 인정하지 않았다. 드물게도 그는 모더니즘의 또 다

른 후예인 루트비히 미스 판 데어 로에(Ludwig Mies van der Rohe)를 매우 존경했고, 일본 예술에서도 영감을 받는다고 공언했다. 시카고에 있는 두 작품, 윌리츠 하우스(Willits House, 1901)와 초기 대표작인 로비 하우스(Robie House, 1910)의 요소에서 일본 문화와 관련된 특징을 확인할 수 있다.

라이트가 이끌었던 프레리 학파는 그와 많은 연관성을 가지면서, 라이트의 상징적인 작품 중 일부를 재해석한 모더니즘의 하위 운동이었다. 이 학파는 예술 공예 운동(Art and Crafts movement)을 미국 중서부 풍으로 변용한 것으로, 유럽의 영향에서 벗어난 미국적 디자인을 추구하였다. 프레리 학파는 원주민의 대초원 풍경에서 영감을 얻어 새로운 미국 고유의 주거적 풍토를 구축하고자 했다. 이는 라이트의 가장 위대한 두 주택작업인 로비 하우스와 펜실베니아 시골의 장엄한 낙수장(Fallingwater, 1935) 설계에서 그 정점을 찍고 있다.

강렬한 선형성, 구조적인 견고함, 돌출된 처마와 수평 형태에서 아마도 라이트는 통제된 구성, 기하학적 단순성의 가장 숭고한 연출과 그의 양식을 정의했던 조각된 덩어리를 보여주며 두 건물 모두를 놀라울 정도로 시대를 앞선 듯 보이게 만들었다. 폭포가 쏟아지는 위태로운 낙수장의 수평 콘크리트 캔틸레버 슬래브가 마

치 그 뒤의 바위 협곡에서 유기적으로 분출된 것처럼 밖으로 내달리면서, 우리는 라이트가 그의 경력의 건축과 자연 사이에서 가장 감동적인 교향곡으로 이뤄내는 통합을 성취하는 것을 볼 수 있다.

그러나 그의 또 다른 상징적인 작품인, 위스콘신주(Wisconsin) 존슨 왁스 본사에서는 방향을 완전히 바꾸었다. 그는 대초원의 비밀을 속삭이던 모습에서 일변, 혁신적인 공상과학 전문가로 재등장한다. 여기서 가장 뛰어난 공간은 대 업무실(Great Workroom)로, 얇은 연잎 모양으로 만들어진 기둥으로 숲을 이루고, 파이렉스(Pyrex) 튜브를 유래가 없던 방식으로 활용하여 반투명한 지붕을 만들어내면서 광대한 오픈플랜의 업무 공간을 조성하였다. 파이렉스 튜브는 벽과 만나는 곳에서 곡선을 그리며 마치 기둥들이 빛나는 천체 궤도만을 지탱하고 있는 것처럼 보이게 한다. 구조적으로 야심차고 미래지향적으로 유기적인 이 멋진 공간은 20세기의 시작보다는 21세기에 나올법한 디자인으로 보인다.

라이트의 마지막 위대한 프로젝트인 뉴욕의 구겐하임 미술관(1959) 역시 마찬가지이다. 80대가 훌쩍 넘은 상황에서 라이트는 다시 관능적인 표현주의자로 재탄생한다. 박물관 공간을 틈이 있는 콘크리트 나선형 셸로 둘러싼 후 흰색으로 칠한 경사로를 붙여 일종의 산책 과정으로 미술관을 재정의하고 있다. 지극히 개인적이고 감동적인 수수께끼 같은 구겐하임은 라이트의 유산을 깔끔하게 요약한다. 자연을 이용하여 모더니즘을 인간화시킨, 끝을 모르는 재능과 철저하게 미국적인 혁신. 이것이 그가 우리에게 전달해주고 있는 가치이다.

왼쪽 : 뉴욕 구겐하임 미술관의 풍만한 곡선

아래쪽 : 존슨 왁스 본사 건물 내 업무 공간

찰스 레니 매킨토시

영국 1868년 – 1928년

대표작 :
글래스고 예술학교,
힐 하우스, 윌로우 다실

건축 양식 :
아르누보

위쪽 : 찰스 레니 매킨토시

찰스 레니 매킨토시는 스코틀랜드(Scotland)의 가장 위대한 건축가로 널리 알려져 있다. 그의 고향 글래스고에 가면, 그에 대한 존경을 여전히 확인할 수 있다.

2018년 화재는 그의 가장 유명한 프로젝트인 글래스고 예술학교(Glasgow School of Art)를 사실상 파괴했고, 많은 시민이 큰 슬픔을 표했다. 시민들이 보여준 매킨토시의 작품에 대한 이토록 강한 친화력은 부분적으로 그의 건축 양식이 매우 사적인 개인사와 작품 전체 요소에서 밀접하게 연계되어 있다는 사실에 기인한다. 매킨토시는 건물 자체뿐만 아니라 커튼, 의자, 조명, 문 손잡이, 창문, 테이블, 책장과 캐비닛 등을 디자인하여 그의 건축을 통합시키고, 건축뿐만 아니라 브랜드로 변화시키는 엄격한 주제의 일관성을 확립했다.

아래쪽 : 스코틀랜드 스트리트 스쿨의 장식 디테일은 매킨토시에 의해 유명해진 양식을 보여준다.

오른쪽 : 윌로우 다실 (Willow Tea Rooms) 입구

LUNCH AND
TEA ROOM

167

글래스고의 중산층 가정에서 태어난 매킨토시는 11명의 아이 중 넷째로 태어났지만, 그때의 심각한 아동 사망률의 결과로 유아기를 지나고 살아남은 7명 중 한 명이었다. 그는 글래스고 예술학교에 있는 22세의 나이에 건축에 대한 일찍이 관심을 키웠고, 글래스고의 위대한 신고전주의 건축가 알렉산더 '그릭' 톰슨(Alexander 'Greek' Tomson)의 이름을 딴 학생 여행 장학금에서 2등을 하며, 설계를 통해 고전 건축에 관한 연구를 더 진전시켰다.

그러나 주로 매킨토시의 관심을 끌었던 것은 이국적인 특징을 가진 설계였다. 특히 클라이드 강(River Clyde)을 끼고 있는 글래스고의 지리적 위치와 19세기 조선업과 해상 도시로서의 산업적 위상 속에서 매킨토시가 국제적으로 영향력이 있는 환경에 노출되어 있었음을 의미한다. 이러한 영향은 글래스고와 무역 관계를 늘리면서 1889년 클라이드 조선소에서 만들어진 군함을 구입한 일본 해군이 가장 크게 작용했다.

매킨토시는 즉시 일본 예술의 검박한 절제미와 긴결한 효율성에 이끌렸고 그의 직업적인 삶 전체에 걸쳐 많은 영향을 받았다. 그는 이것을 아르누보의 유기적 자연주의에 대한 고집과 스코틀랜드 남작에게나 어울릴법한 아주 크고 호화로운 건축 속 원뿔과 곡률의 육중한 조합에 대한 인식과 결합했다. 이 절충적인 혼합이 만들어낸 풍성한 양식의 다양성이 매킨토시의 작품을 정의하게 되었다.

그러나 그것은 또한 매킨토시 고유의 개인적 스타일로 완전히 난해하고 수수께끼 같은 것이었다. 그의 건축, 특히 실내 공간은 매킨토시의 트레이드마크 같은 특징들을 함축하고 있기에 거의 즉각적으로 알아볼 수 있다. 그의 사랑스러운 꽃장식 모티프, 스테인드글라스 창, 장막벽으로 신중하게 세분화된 공간, 부드러운 곡선과 선형의 직교 조합의 병치, 확산광의 좁은 슬릿 창(slit)을 구성하는 무겁고 어두운 재료의 분위기 표현, 장식용으로 새겨진 높은 등받이 의자 패널, 과시하기보다는 절제된 장식-이 모든 것들이 매킨토시의 작품에 넘쳐나는 그만의 특징이다.

그가 다녔고, 1896년에서 1909년 사이에 재건한 글래스고 예술학교보다 더 매킨토시의 특징을 활기차게 표현한 작업은 없을 것이다. 이 작품은 가장 매킨토시스러운 건물이다. 미묘하게 비대칭적인 석조 정면은 보자르 양식의 기념비성을 거부하고 얕게 돌출된 아치, 슬릿 창, 작은 터릿과 가장자리를 두른 벌류트(volute; 소용돌이 꼴 장식)와 같은 엉뚱한 아르누보의 모습을 즐기고 있다. 실내 공간에서는 검박하고 가정적인 단순함과 체계적으로 장식된 기능으로 가득 차 있으며, 대들보, 난간, 기둥 및 벽에 목재를 많이 사용하여, 큰 건물임에도 하나의 친근한 가구같이 느껴지도록 만든다. 이러한 주제는 진열장이 있는 도서관에서 최고조에 달하며, 미니멀리즘적으로 장식이 적으며 선형의 직교조합으로 진행된 기하학적 특징은 일본의 영향을 뚜렷히 드러낸다. 이 학교는 매킨토시 경력의 정점을 상징한다. 동시에 진행한 힐 하우스(Hill House, 1904)와 같은 작업들은 내부 주제를 반복하지만 순수하고 크고 호화로운 외피로 감싸고 있다는 점이 다르다.

학창시절 만난 아내는 예술가로서 여러 프로젝트에서 매킨토시와 협력했다. 매킨토시는 아내와 길고 행복한 결혼생활을 꾸렸지만, 술과 우울증으로 건강이 안 좋아졌고 건축에 환멸을 느끼며 런던에서 사망했다. 그러나 1960년대가 되면서 아르누보에 대한 관심이 부활했다. 양식 자체가 쇠퇴했기에 아르누보가 보여준 친밀하고 인간적이며 낭만적인 모더니즘이 주는 매력이 더 크게 느껴졌기 때문이다. 그 이후 매킨토시가 남긴 가치는 확고해졌다.

위쪽 : 글래스고 예술학교 입구의 세련된 조각상 디테일

왼쪽 : 글래스고 미술학교는 1909년에 2단계로 완공되었다. 이 사진은 2014년과 2018년 화재 이전인 1992년에 찍은 것이다.

에드윈 루티언스

20세기의 가장 위대한 영국 건축가 중 한 명인 루엔티스는 또한 영국의 사회와 건축 역사의 중요한 두 시기에 걸쳐 활동한 것으로도 유명하다.

영국 1869년 – 1944년

대표작 :
세노타프, 라쉬트라파티 바반, 미들랜드 은행 본사

건축 양식 :
모던 고전주의

위쪽 : 에드윈 루티언스

루티언스의 초기 경력에는 전원주택과 식민지에서의 작업이 주를 차지한다. 여기에는 뉴델리(New Delhi)를 위한 거대하며 고전적인 마스터플랜과 정부 건물이 포함되는데, 루티언스가 다양한 분야의 작업을 했다는 것은 대영제국의 제국주의가 절정에 달해 자신감에 차 있음을 시사하는 것이었다. 영국 본토에서 이 자신감은 시골 휴양이라는 문화적 이상에 대한 지속적 열망을 일으키던, 눈에 띄게 전통적이고 토착 건축의 성격을 띤 주거 건축에 반영되었다.

제1차 세계 대전의 엄청난 충격 이후, 루티언스는 방향을 바꿔 영국과 해외의 주목할 만한 일련의 전쟁 기념비에서 죽은 사람들을 경건하게 추모하고 불멸의 존재로 만드려는 일련의 시도를 보여준다. 이들 중 가장 중요한 것은 런던의 상징적인 기념비 세노타프(The Cenotaph, 1920)로, 고독한 면모와 벌거벗은 무덤같은 음침한 절제는, 영국에서 가장 시적인 방식을 통해 전쟁 기간을 건축적으로 기념하면서 숭고한 비통함을 자아낸다. 그리고 런던 백화점과 호텔, 그의 미들랜드 은행 본사(Midland Bank HQ)와 같은 주요작과 더불어 런던의 페이지가(街)에 있는 고독하지만 중요한 바둑판 형식의 사회 주택 계획(1930년)에서도, 그는 세계 대전의 흔적으로 남은 새로운 상업적, 사회적 현실에 능숙하게 대응한다.

그 과정에서, 루티언스는 엄청난 양식적 다양성을 실행한다. 그는 19세기 후반을 규정하는 예술 공예운동의 토착적 작업에서 20세기 초의 더 느슨하고, 더 자

오른쪽 : 인도 뉴델리에 있는 대통령궁인 라쉬트라파티 바반

유롭고, 더 근대적인 성격의 고전주의와 네오바로크에 대한 해석으로 무리 없이 이동했다. 이 때문에 그의 작품은 영국뿐만 아니라 세계 차원에서 발생했던 심각한 정치, 사회 경제적 혼란과 조정의 시기를 정교하게 관찰할 수 있는 다초점 렌즈 역할을 한다.

루티언스의 길고 성공적인 경력의 첫 단계는 정교하게 구현된-예술 공예운동과 관련되어 있는-일련의 개인 전원주택들에 의해 정의된다. 1897년 서리의 과수원(Surrey's Orchards)과 문스테드 우드(Munstead Wood)를 시작으로 1911년 드물게 중세풍으로 지은 데번(Devon)의 드로고 성(Castle Drogo)까지 거의 20채에 이르는 집을 지었다. 이때 루티언스는 주로 튜더 양식을 바탕으로 전통적인 시골 주택의 요소들을 많이 차용하여 목가적으로 구성하여 작업을 진행했다. 혁신적인 구성과 풍요롭게 다양한 재료와 표현을 특징으로 하는 이 주택들은 아름다운 조경을 갖춘 정원을 주변에 두르도록 계획되

위쪽 : 런던시에 있는 미들랜드 은행 본사는 현재 개인 회원제 클럽과 레스토랑이다.

었다. 루티언스는 이때 적용한 조화로운 목가적 구성 기법들을 햄스테드 가든 서버브(Hampstead Garden Suburb, 1909–11)에 있는 두 교회에 효과적으로 재활용하였다. 이후, 모든 것이 바뀌었다. 애스턴 웹(Aston Webb)과 랜체스터 앤 리카즈(Ranchester & Rickards)와 같은 건축가들은 당시 영국 제국의 패권을 더욱 잘 반영할 수 있는 웅장한 건축 양식을 추구하면서, 렌의 작품에 많은 영향을 받은 새롭게 화려한 에드워드 바로크 양식을 확립했다. 그러나 영국 도시들, 특히 런던은 불규칙한 배치와 복잡한 계획 통제는 역설적이게도 제국주의적 도시 위업을 달성하기 쉽지 않았다. 이를 위해서는 대규모 사업이 필요했다. 하지만 영국의 식민지 지역에서는 그렇지 않았다. 식민지 중에서도 인도를 통치하는 일은 왕관의 보석만큼 중요한 국가사업이었는데, 1912년 루티언스는 일생에 한 번뿐인 기회를 얻어 인도의 새로운 수도 뉴델리를 계획하는 팀을 이끌게 되었다.

루티언스가 뉴델리에서 지휘한 건축물은 영국 밖에서 영국 건축가가 완성한 가장 야심차고, 몽상적이고, 기념비적인 작업의 일부를 구성한다. 그는 영국이라면 상상도 할 수 없는 거대한 규모로 새로운 정부 구역을 계획하면서 대통령궁과 세계에서 가장 큰 국가원수의 거주지에 초점을 맞추었다. 1912년부터 1931년까지 총독의 집이었던 라쉬트라파티 바반(Rashtrapati Bhavan)에서 루티언스는 거대한 중정을 둘러싸는 거대한 고전적인 사원을 조성했다. 깊게 후퇴한 중앙 열주랑 위로는 거대한 원통형 돔을 높게 올렸다. 화살표 모양의 도로는 루티언스가 웅장하게 설계한 또 다른 정부 기관과 자이푸르 기둥(Jaipur Column, 1930), 인디아 게이트(India Gate, 1931)를 포함하여 사유지 주변에 흩어져 있는 그의 뛰어난 기념비적인 장식 건축과 연결되도록 네 방향으로

위쪽 : 런던 웨스트민스터 화이트홀의 세노타프에 대한 루티언스의 1번 스케치

아래쪽 : 영령 기념일을 위해 양귀비로 장식된 세노타프

뻗어 있다.

이것은 렌의 그리니치 병원을 크게 확장한 후 신고전주의와 네오바로크 양식을 혼합하여 차분하게 장식한 작업으로 볼 수 있다. 그럼에도 불구하고, 루티언스는 불교에서 영감을 받은 돔과 붉은 사암 벽과 같은 부분에서 전통적인 인도 건축을 차용하여 다시 한번 뚜렷한 토속 건축에 대한 공감을 보여준다. 그가 설계했던 것 중 여기에 필적할 만한 유일한 프로젝트는 리버풀 메트로폴리탄 대성당(Liverpool Metropolitan Cathedral, 1933)을 위한 제안이었다. 화려한 설계였지만 안타깝게도 크립트(crypt)만 지어졌다. 완공되었다면, 세계에서 가장 큰 돔을 가진, 규모로는 성 베드로 대성당에 이어 두 번째로 큰 성당으로 완성되었을 것이다. 그뿐 아니라 바로크, 신고전주의, 로마네스크와 모더니즘을 독창적으로 조합하면서, 루티언스가 토속건축을 활용하는 거장다운 솜씨를 다시 한번 발휘했을 작업이 되었을 것이다.

발터 그로피우스

독일 1883년–1969년

대표작 :
데사우 바우하우스, 그로피우스 하우스(Gropius House), 파구스 공장

건축 양식 :
모더니즘

위쪽 : 발터 그로피우스

바우하우스는 20세기의 가장 영향력 있는 현대 예술 사조 중 하나였다. 그로피우스는 바우하우스를 설립하면서 미스 판 데어 로에(Mies van der Rohe), 알바 알토(Alvar Aalto)와 르 코르뷔제(Le Corbusier) 같은 모더니즘의 위대한 선구자들 중 한 명으로 자리하게 되었다.

그로피우스는 철골과 유리 커튼월을 효율적으로 사용했고, 더불어 마천루 설계에 혁명을 일으키며 전 세계 도시 중심부의 스타일과 느낌을 변화시킬 수 있는 국제 양식을 확립하는 데 이바지했다.

그는 도면을 작도하지 못하는 것으로 유명했고, 예술과 장인의 차이가 없다고 생각했다. 그에게 디자인이란 직관적 미의식에, 기능적 유용성과-능률과 산업화의 결과인-대량생산과 같은 바우하우스 교육의 근간을 구성하는 원리를 결합하는 일에 다름 아니었다. 그렇게 함으로써, 그의 영향력은 건축을 넘어 램프, 테이블, 의자와 재떨이와 같은 20세기 대중 소비주의의 성장에 의해 촉진된 많은 가정용 물품으로 확장될 수 있었다. 결과적으로 그로피우스의 설계 접근방식은 바우하우스를 거치면서 20세기 들어 가장 눈에 띄고 바람직한 라이프스타일 브랜드 중 하나로 탈바꿈하게 되었다.

그로피우스는 프로이센의 유명한 가문에서 태어났으며, 베를린의 옛 공예박물관의 건축가의 조카였다. 그는 뮌헨과 베를린에서 건축학을 공부한 후 작곡가 구스타프 말러(Gustav Mahler)의 미망인과 결혼했다. 졸업

아래쪽 : 매사추세츠 주, 링컨(Lincoln, Massachusetts)에 있는 발터 그로피우스 하우스

위쪽 : 독일 신발의 마지막 회사인 파구스 공장은 소유주 카를 벤샤이트(Carl Benscheitt)에 의해 의뢰된 건물이었다.

오른쪽 : 독일 데사우의 바우하우스(Bauhau School Dessau) 건물은 그로피우스가 세운 운동의 이름을 따서 지어졌다.

후, 그는 유명한 독일 건축가이자 디자이너인 페터 베렌스(Peter Behrens)의 사무실에서 건축을 했으며, 그곳에서 동료 직원으로는 루트비히 미스 판 데어 로에와 르코르뷔제가 있었다. 그로피우스는 베렌스를 떠나 훗날 바우하우스의 협력자이자 친구인 아돌프 마이어(Adolf Meyer)와 함께 자신의 업무를 시작했다. 그러나 바우하우스 이전에 그들은 니더작센 주에 있는 로어 색소니의 알펠트(Alfeld, Lower Saxony)에 유럽 모더니즘의 면모를 결정적으로 바꾸게 될 수수한 신발 공장 하나를 설계했다.

파구스 구두 공장(Fagus Factory, 1911-13)은 초기 모더니즘의 핵심 원리들을 3차원으로 구현한 것이다. 베렌스가 설계한 베를린 AEG 터빈 공장(AEG Turbine Factory, 1909)

에 큰 영향을 받았지만, AEG의 무거운 조적조 대신 가벼운 유리 커튼월 공장이라는 급진적인 구조를 적용하였다. 유리 벽체는 투명한 벽돌을 수직으로 쌓은 듯한 형상으로 내부를 드러내며, 유리보다 더 눈에 띄는 수직과 수평의 창틀은 유리판을 지지하는 역할을 수행하는 동시에, 건물에 적용된 구조 시스템의 규격을 반영하여 제작되었다. 이러한 방식으로 파구스 공장은 '형태는 기능을 따른다'는 루이스 설리반의 유명한 격언을 고수한다. 유리에 대해서도 마찬가지이다. 이 작품에서 유리는 구조 시스템에 전적으로 의존하지 않고, 기하학적 의미를 고려하여 작은 직사각형 멀리온으로 세분된다. 이렇게 단순화된 선형성과 입면을 강조하는 급진적 방식을 통합하는 과정에서 국제주의 양식이 될 초기 요소들을 확인할 수 있다.

그로피우스는 파구스 공장에서 그치지 않았다. 제1차 세계 대전을 위한 군 복무를 마친 후, 그는 1919년 바이마르(Weimar)에 있는 그랜드 듀칼 색슨 예술공예학교(Grand-Ducal Saxon School of Arts and Crafts)의 교장으로 초빙되었다. 그로피우스는 부임하자마자 거의 즉각적으로 학교의 이름을 바우하우스(문자 그대로 '구축의 공간(Builidng House)')로 바꾸었고, 이를 통해 20세기의 가장 유명한 예술 사조가 탄생했다. 바우하우스는 베르니니, 렌, 매킨토시를 사로잡았던 예술 작품의 '전체성'을 가리키는 종합 예술 작품(게삼트쿤스트베르크, Gesamtkunstwerk)의 원리에 기초했다.

바우하우스는 예술, 건축, 그래픽 디자인, 도자기, 요업과 산업 디자인을 결합하여 장인정신의 정교함, 기능의 유용성과 제조의 산업화에 엄격하게 근거한 예술적 융합을 창조하고자 했다. 미학적으로, 바우하우스의 형태는 깔끔한 선, 선형의 직교 조합에 바탕을 둔 기하학, 과감한 색채와 구성주의와 표현주의의 영향을 받았는데, 1925년 그로피우스가 설계한 데사우 바우하우스 건물에 잘 드러나 있다. 이러한 특징들은 바우하우스의 뿌리에 있었던 러시아 구성주의자들의 영향을 드러낸다. 하지만 그로피우스는 미학 측면을 덜어낸 장인정신에 대해서는 영국의 예술 공예운동으로부터 적지 않게 영감을 받은 것이었다.

바우하우스, 달리 말해 그로피우스가 오늘날 우리가 살아가는 방식에 끼친 영향은 아무리 강조해도 과하지 않다. 그 시각적인 스타일은 챔버린과 파월, 본(Chamberlin, Powell and Bon, 1965-76)의 런던의 바비칸(Barbican)과 1930년대 텔아비브(Tel Aviv)의 화이트 시티(Whie City)에 있는 바우하우스 정신으로 설계된 4,000개의 건물들로 이어졌다. 더 중요한 것은, 그로피우스가 바우하우스를 통해 모더니즘 디자인을 소비자 중심주의 상품으로 바꾸면서, 그로피우스는 건축에 전에는 거의 누릴 수 없었던 가정적인 친근감을 부여했다.

아래쪽 : 그로피우스의 단독주택 모델

윌렘 두독

힐베르쉼에서 그의 작품을 전시하면서, 윌렘 마리누스 두독(Willem Marinus Dudok)은 네덜란드 모더니즘의 아버지로서의 명성을 굳혔다.

네덜란드
1884년 – 1974년

대표작 :
힐베르쉼 시청사, 본델 학교, 데 비엔코르프 백화점

건축 양식 :
모더니즘

위쪽 : 윌렘 두독

두독은 힐베르쉼 노르트홀란트주(North Holland)의 도시 건축가로(municipal architect) 임명되면서 마을의 거의 모든 공공건물들을 설계할 수 있는 기회를 얻게 되었다. 그는 30년 동안 25개의 주택 프로젝트, 17개의 학교, 2개의 묘지, 도축장, 펌프장과 일련의 스포츠 및 레크리에이션 건물, 목욕탕, 다리를 건설했다. 일괄적으로 이 75개 건물들은 세계 어느 곳에서나 통일된 모더니즘 건축과 도시계획을 알 수 있는 가장 완전

아래쪽 : 밤의 힐베르쉼 시청사

아래쪽 : 낮의 힐베르쉼 시청사

왼쪽 : 두독이 노동자 계층 가정을 위해 설계한 힐베르쉼의 공공주택

오른쪽 : 로테르담에 있는 데 비엔코르프 백화점은 제2차 세계 대전에서 폭격으로 파괴되었다.

하고 일관된 개요서 중 하나를 형성한다. 그의 가장 위대한 건물은 힐베르쉼의 장관을 이루는 시청사로, 놀랄 만큼 극적인 모더니즘의 걸작이지만 매스(mass)와 재료, 기하학과 자연의 복잡하게 뒤얽힌 병치를 통해 무한한 조화를 이루고 있다.

처음에는 군인이 되고 싶어 했지만, 브레다(Breda) 육군사관학교에서 토목공학을 공부하고 네덜란드 육군을 위한 군사 시설을 설계한 후 건축에 관심을 갖게 되었다. 건축에만 전념한 후, 그는 결국 1913년 레이던(Leiden)의 공공 사업 부책임자로 임명되었다. 2년 후, 힐베르섬의 공공 사업 책임자로 승진하면서 종국에는 1928년 힐베르쉼의 지방 건축가로 임명되는 기회를 마련하여 도시를 크게 확장시키는 일을 맡았다.

두독은 그의 개인적인 스타일과 영향력을 드러내는 탄탄한 공공작품들을 쌓아왔는데, 이 모든 것들이 그의 일련의 힐베르쉼 작품들에서 결실을 맺게 되었다. 그는 네덜란드의 초기 모더니즘 이론 가운데 암스테르담 학파(Amsterdam School)와 더 스테일(De Stijl)의 한 쌍의 운동에 큰 영향을 받았다. 암스테르담 학파는 주로 벽돌을 사용하여 역동적이고 표현주의적인 형태를 만들고 건물 내부와 외관을 통합했다. 더 스테일은 추상화된 기하학적인 형태를 창조하는 것을 추구했고, 이를 위해 엄격한 선형의 직교 조합, 종종 단조롭게 보일 정도로 순수한 색 사용에 몰두했다.

두독의 힐베르쉼 작품에서 암스테르담 학파와 더 스테일 두 가지 영향 모두 뚜렷이 나타난다. 그의 건물들은 대부분 벽돌로 지어졌고, 더 스테일을 지지하면서 암스테르담 학파의 곡선에 대한 집착은 보이지 않지만, 본델 학교(Vondel School)와 같은 프로젝트는 명확한 수평선과 수직선을 기반으로 표현적인 기하학적 형태를 창조하려는 그의 의지를 보여준다.

바우하우스 역시 그에게 적지 않은 영향을 끼쳤다. 이는 로테르담(Rotterdam)에 있는 그의 데 비엔코르프 백화점(De Bijenkorf department store, 1930)에서 가장 생생하게 볼 수 있으나 안타깝게도 2차 세계 대전 당시 폭격으로 파괴되었다. 벽돌로 견고하게 쌓은 매스 주변에, 다양한 방식으로 불투명 유리 커튼월을 두르고 있다. 소위 '오션 라이너(ocean liner)' 라는 강력한 수평 방향의 분절은 아르데코의 유희적 양식에 대한 공감을 암시하고 있다.

이러한 광범위한 양식으로부터 받은 영향의 결과는 힐베르쉼 시청사(Hilversum Town Hall)에서 최고조에 달한다. 이 건물은 벽돌로 둘러싸여 있으며 다양한 폭과 높이의 직선적인 볼륨이 서로 맞물려 비대칭으로 결합해 있다. 각 볼륨 사이의 지속적인 운동감은 외관에서 거의 지진에 가까운 수준의 이동성과 극적인 긴장감을 불어 넣는다. 이는 힐베르쉼의 가장 높은 구조물인 48m(157.5 피트)의 높이 솟은 탑에서 절정에 이른다.

건물이 주는 충격 대부분은 외관의 조각적 성질이 주는 놀라움에 기인한다. 외피를 얇게 자르고 있는 창문과 일련의 좁은 수직판(fin), 버팀벽들로 수직성을 조성하는 동시에, 극적으로 돌출한 매스 상부 지붕선의 강력하고 긴결한 수평성이 경쟁하듯 조합되어 있다. 이를 통해 건물 외관 전반에 걸쳐 불안전성이 발생하지만, 이내 예리한 균형감각과 조화, 합리적이고 기하학적 질서가 부여된 매스간 직교 조합을 통해 누그러트리면서 여럿이면서 하나의 결합상태를 유지하고 있다.

시청사의 선적 매스가 주는 강력한 느낌은 두독에게 큰 영감을 준 프랭크 로이드 라이트 덕분이다. 마찬가지로, 호수에서 건물 한 면이 직접 나오는 등 경관과의 미묘한 통합은 두독이 힐베르쉼 전역에 지속적으로 소개한 주제인 에버니저 하워드(Ebenezer Howard)의 전원도시 운동에 충실했음을 보여준다. 그러므로, 힐베르쉼 건물과 숭고한 시청사에 대한 그의 뛰어난 수집품들뿐만 아니라, 두독의 주요 유산은 모더니즘과 건축의 관례와 같은 다공성에 대한 그의 다양한 영향들을 우리에게 상기시켜주고 있다.

루트비히 미스 판 데어 로에

독일/미국
1886년 – 1969년

대표작 :
바르셀로나 파빌리온,
시그램 빌딩, 라파예트 공원

건축 양식 :
모더니즘

위쪽 : 루트비히 미스 판 데어 로에

루이스 설리번의 격언 '형태는 기능을 따른다'가 초기 모더니즘의 정신을 규정하는 데 도움이 되었다면, 보다 성숙한 상태에서 모더니즘을 요약한 문구는 루트비히 미스 판 데어 로에의 '단순한 것이 더 아름답다'이다. 이 말 역시 시대를 초월했다.

설리번은 19세기 말에 장식이 모더니즘의 필수적인 부분이라고 주장했다. 그러나 1920년대 후반, 미스가 바르셀로나 파빌리온의 독창적 설계를 진행했을 때, 장식은 더 간결하고, 더 깔끔하고, 더 단순한 선을 추구하면서, 드러나지 않게 은근히 쓰이게 되었다.

그 핵심에서, 미스의 미니멀리즘 경전은 설득력을 가지게 되었다. 그는 과잉보다는 경제성을 건축이 가진 힘의 근원으로 믿었다. 미스는 1930년 전후로 모더니즘의 이념을 급진적으로 묘사하면서, 모더니즘의 가장 상징적인 상징 중 하나인 미국 마천루를 구성하는 데 이 교리를 반영하였다. 이렇게 미스는 20세기 유럽 모더니즘 건축의 가장 위대한 인물이자 살아있는 유일한 건축가이면서 프랭크 로이드 라이트가 자신과 동등하다고 판단했던 건축가로서 르 코르뷔제와 같은 위상에 자리하게 된다.

애초부터 이러진 않았다. 아헨 태생인 미스가 그의 경력을 시작할 때 지향했던 것은 모더니즘이 아니라 신고전주의였다. 20대 초반에 그는 유명한 독일 모더니스트 페터 베렌스의 실습생으로 고용되어 발터 그로피우스, 르 코르뷔제와 함께 일했다. 베렌스를 떠나면

오른쪽 : 1929년 만국박람회(International Exposition)가 열린 바르셀로나의 독일 전시관이었던 바르셀로나 파빌리온

서, 그는 독일 귀족들을 위한 신고전주의 주택들을 설계하면서 독립했다. 그러나 베렌스에서 쌓아올린 토대를 바탕으로 제1차 세계 대전의 트라우마를 지켜보며, 미스는 초기 주택에서 추구했던 구세계 질서가 무너졌다고 확신하게 된다. 그는 신고전주의가 구세계를 대표하듯 모더니즘 건축이 새로운 세계와 동의어가 되기를 희망했다. 이를 위해 새로운 모더니즘 양식의 설계를 강박적으로 실험하기 시작했다.

큰 돌파구는 1929년에 다가왔다. 미스는 바르셀로나 박람회를 위한 특별한 파빌리온(Barcelona Pavilion)을 통해 이러한 생각들을 현실로 바꾸었다. 신고전주의적으로 다듬어진 장식과 견고한 조적조의 느낌은 사라졌다. 유리와 대리석으로 단순하게 감싼 상자가 그 자리를 대신했다. 호화로운 재료, 선형의 직교체계로 만들어진 기하학, 겹겹이 쌓인 공간의 투과성과 관입, 엄밀하고 정교하게 조각된 형태와 디테일을 통해 미니멀리즘의 반짝이는 보석상자와 같은 투명하고 수정같은 우아함을 부여했다. 파빌리온은 박람회가 폐막된 후 철거되었지만, 오히려 선풍적 반향을 일으켰고 모더니즘 건축의 쟁점을 미니멀리즘에 관한 논의로 전환시켰다. 1986년 마침내 이 작품은 충실하게 재건되었다. 바르셀로나 파빌리온은 그의 오랜 경력의 대표작 중 하나

로, 모더니즘 역사에서 가장 중요한 건물에서 빠지지 않는 위치를 차지하게 되었다.

이제 존경받는 모더니즘 개척자로서의 명성을 얻었지만, 상황이 좋지 않았다. 대공황(Great Depression)과 바이마르 공화국(Weimar Republic)의 붕괴 이후 의뢰는 점점 줄어들었다. 또한 전 동료이자 바우하우스 설립자인 그로피우스의 요청으로 바우하우스의 마지막 교장으로 재직하던 기간에는 나치 정권은 점점 더 그를 괴롭혔다. 바우하우스와 모더니즘이 설파한 진보적 공리주의에 나치가 적대적이었기 때문이다. 마지못해 1937년 미국으로 이민을 갔지만, 이것이 그의 경력 중 가장 번성한 시기의 시작이었다.

향후 30년 동안, 미스는 모더니즘의 정신적 고향인 시카고에 기반을 두고 국제주의 양식의 선도적인 전문가가 되었다. 국제주의 건축은 모더니즘 건축의 일종으로 날카로운 직선 형태, 명료한 볼륨, 내부로 깊숙이 침투하는 매끈한 표면을 가지고 있었고, 강철, 콘크리트, 유리 같은 산업화의 핵심 재료에 대해 거의 전적으로 의존하면서 '장식의 결핍'을 완성하였다. 요약하자면, 미스가 바르셀로나에서 보여준 미니멀리즘 공감의 순수한 건축적 표현을 지향한 것이 국제주의 건축이었다.

미스는 미국과 해외의 수많은 건물에 이 양식을 적용했는데, 그중 몇 개는 그와 동의어가 된 마천루였다. 아마도 가장 유명한 것은 1958년 뉴욕에 있는 그의 38층, 157m(515피트)의 시그램 빌딩(Seagram Building)일 것이다. 미스는 구조가 드러나면 장식의 부족을 보상할 수 있다고 주장하면서, 내부의 구조를 모방하여 외부 입면에 표현하였다. 시그램 빌딩은 전체적으로 판유리와 이를 지지하기 위한 창틀 직교체제로 구성된 유리 커튼월로 입면을 둘러싸고 있는데, 외부 입면에 (노출하기를 원하였으나 방화규정 때문에 드러나지 않게 피복된) 구조 부재였던 I 형강을 청동제로 본따서 수직으로 부착했다.

이 방식은 다음 반세기 동안 전 세계 도심에 자리한 상업적인 고층 건물들의 입면 분위기에 대한 기본적인 형식이 되었다. 하지만 추종자들의 작업 중 그 어떤 것도 시그램에 이르지 못했다. 오히려 섬세하지 못하게 시그램의 특징을 적용하다가 진부함과 단조로움을 양산하게 되었다. 이는 1970년대에 모더니즘이 쇠

왼쪽 : 뉴욕의 우뚝 솟은 시그램 빌딩

위쪽 : 1959년 미국 디트로이트 (Detroit)에 있는 78에이커의 라파예트 공원 주택지구는 대규모 모더니즘 도시 재개발의 기준이 되었다.

오른쪽 : 1980년대에 정확히 재건된 바르셀로나 파빌리온 내부 풍경

퇴하며 반발을 불러일으키는 데 적지 않은 이유가 되었다. 그러나 미스의 걸작에서 표출되는 단순성과 구조적 순수성에서, 그의 또 다른 격언, '신은 디테일에 있다'에서 암시하는 영적 아름다움의 건축적 전환을 이해할 수 있다.

르 코르뷔제

스위스/프랑스
1887년 – 1965년

대표작 :
빌라 사보아,
유니테 다비타시옹,
찬디가르 주의회 의사당

건축 양식 :
모더니즘

위쪽 : 르 코르뷔제

그의 트레이드마크는 뿔테 안경과 실크 나비넥타이였다. 르 코르뷔제는 현대 건축 운동의 결정적인 대표자일 뿐만 아니라 20세기의 가장 상징적인 인물 중 한 명이었다.

그의 작품은 조각적인 표현주의와 기능에 대해 청교도에 가까운 입장을 보이면서 건축으로부터 낭만적 장식을 영원히 사라지게 했다. 그는 20세기 중반에 걸쳐 모더니즘 건축을 주도하고, 경력 후기에는 부르털리즘 단계의 영감을 준 이념적 선례를 제공했다. 그는 모든 형태의 콘크리트를 숭배하면서, 콘크리트는 모더니즘 건축의 대표적 재료로 격상되었다. 그의 작업 속 모든 형태의 콘크리트에 대한 존경은 그

아래쪽 : 빌라 사보아. 르 코르뷔제의 건축의 5요소를 구현했다.

아래쪽 : 인도 찬디가르에 있는 간디 바완 대학 캠퍼스
(Gandhi Bhawan University Campus)

것을 모더니즘의 대표적인 재료로 만들었고, 오늘날까지 지속되는 운동과 물질 사이에 대중적이고, 전례 없는 공적인 연관성을 연출했다. 그는 주택의 기술적 존엄성과 도시의 유기적 조직에 집착하는 도시계획가이기도 했다. 코르뷔제는 전 세계의 도시와 소도시에 엄청난 영향을 미칠 도시 주거 재개발 이론을 가지고 있었다.

그럼에도, 오늘날까지도 르 코르뷔제는 매우 논란이 많으며 모순에 찬 분열적인 인물로 남아있다. 잘 알려져 있듯 그는 집을 '살기 위한 기계'로 묘사했고, 이 격언은 분명히 그와 모더니즘이 너무나 갈망하는 기능적인 효율성에 호소하지만, 그것은 사실상 주택에서(종종 주택의 거주자들과 더 나아가 도시까지) 인간성을 박탈했다. 이렇게 야만적인 과정을 거치며 1960년대와 1970년대가 되자, 대규모 공동주택의 기획을 꾸리는 것이 더 없이 쉬워졌다. 이러한 단지들은 고층 타워 블록과 전체주의를 야기하고 엄청난 사회적 결과를 초래했다. 여전히 일부는 모더니즘의 궁극적 몰락의 최악의 결과물로 남아 수명을 채우고 있다.

르 코르뷔제의 초기 관심사는 철학, 예술과 건축 저술에 더 가까웠다. 1920년 그가 파리에서 창간한 저널에 글을 기고하면서 그는 자신의 배경을 지웠다. 코르뷔제는 당시 파리의 아방가르드들이 선호했던 명명법에 탐닉하여 본명인 샤를-에두아르 잔느레(Charles-Édouard Jeanneret) 대신 모호하며 우상 파괴적으로 보이는 '르 코르뷔제'를 새로운 이름으로 선택했다. 1910년대와 1920년대에 걸쳐 르 코르뷔제는 주로 개인 주택에 대한 건축 작업을 차근하게 진행하였다. 그러나 1928년 그는 자신의 경력 중 가장 중요한 의뢰 중 하나인, 파리에서 북서쪽에 바로 붙어 있는 빌라 사보아에 대한 의뢰를 받게 되었다.

이 빌라는 1920년대 르 코르뷔제가 다양한 책과 글을 통해 발전시켜 온 건축의 5요소를 포함하고 있다. 이 건물은 필로티라고 부르던 가느다란 기둥으로 지탱되었고, 빛과 환기를 위한 수평의 띠창을 설치하였으며, 내력벽이 없는 자유로운 평면과 힘 전달에 제한받지 않는 자유로운 입면을 가지고 있었다. 또한 정원으로 구성된 기능적인 옥상이 꼭대기에 있었다. 엄밀히 하면 옥상정원은 다소 약하게 표현되고 있지만, 이 건물은 아무런 장식이 없는 하얀 콘크리트 상자로 표현되어 코르뷔제라면 떠올릴만한 형태로 진화하게 된다. 빌라 사보아는 모더니즘과 그 이후의 국제주의로의 변

형 양쪽에 큰 영향을 끼쳤으며, 확립한 원칙은 거의 반세기 동안 모더니즘 이론의 많은 부분을 뒷받침했다.

이후 40년 동안 르 코르뷔제는 전 세계의 도시와 건축에 혁명을 일으킬 획기적인 현대식 건물들의 놀라운 포트폴리오를 축적했다. 1950년대, 창의력이 최고조였던 시기에 르 코르뷔제는 경이롭고 천상의 기운이 충만한 많은 종교시설을 설계했다. 가장 유명한 것은 프랑스 동부에 자리한 롱샹성당(Notre Dame du Haut, 1955)으로, 버섯처럼 보이는 이 작품은 그의 경력에서 가장 즉흥적인 유기적인 의뢰 중 하나이다. 비슷한 시기에 뉴욕에서는 재능 있는 젊은 브라질 건축가 오스카르 니에미에르(Oscar Niemeyer)와 함께 유엔 본부(United Nations HQ)(1952)를 계획하였다. 이 건물 역시 뉴욕의 상징적 건물로서, 이후 20세기가 끝날 때까지 전 세계 고층 건물을 재규정하는 방식, 즉 포디엄과 고층 블록을 조합하는 방식을 구성하는 데 큰 역할을 하였다. 또한 이 시기에 코르뷔제는 인도의 신도시 찬디가르 계획에 지명되어, 주목할 만한 모더니즘 건축으로 만들어진 공공기관 복합체를 조성했다. 코르뷔제의 찬디가르 계획은 모더니즘 건축 및 도시 이론을 큰 스케일에서 가장 완성도 있게 구현한 사례 중 하나로 평가받고 있다.

르 코르뷔제의 도시 및 주거 이론은 그의 유산을 평가할 때 가장 문제가 된다. 그는 의심할 여지 없이 19세기에 의해 남겨진 과밀 도시의 빈민가를 개선하려는 생각이 가득했다. 진정성 있으며 개혁적인 열정이었다. 그러나 흔히 있는 일이지만, 깨달음은 의도와 일치하지 않았다. 다행스럽게도 지어지지 않은 기능주의적 도시에 대한 비전에서, 그는 1920년대 기준에서 미래의 유토피아 도시를 제시했다. 마르세유(Marseilles)에 있는 집합주택이자 그의 도시관을 핵심적으로 규정하는 유니테 다비타시옹 (1952)이 실현되었다. 이 건축의 억압적인 규모와 구성에서 우리는 르 코르뷔제가 궁극적으로 인류를 기계화하고 자동화하려는 헛된 임무를 추구하는 것을 목도하게 된다. 무질서한 세상에 합리성을 가져오려고 시도한 것으로 칭송받아 마땅하다. 그러나 르 코르뷔제가 사용자보다 기계를 미화하면서 의도치 않게 20세기 중반의 주택과 도시계획에서 새로운 차원의 허무주의적 비인간성을 야기했다. 이로 인해 그가 그토록 치유하고자 했던 세계는 커다란 사회적 피해를 겪게 되었다.

왼쪽 : 어린이집과 어린이 수영장이 함께 있는 유니테 다비타시옹 옥상 휴식공간의 테라스

아래쪽 : 1955년에 완성한 롱샹성당

폴 리비어 윌리엄스

미국 1894년 – 1980년

대표작 :
로스앤젤레스 국제공항 테마 빌딩, 라스베이거스 가디언 엔젤 대성당, 아드 아스트라 에스테이트

건축 양식 :
모더니즘

위쪽 : 폴 리비어 윌리엄스

통일하고 인간화하는 것이 건축의 본성이며, 적어도 그래야만 한다. 그래서 이 상냥한 의도가 인종 차별의 차가운 편견과 맞닥뜨렸을 때 그것은 불쾌한 놀라움으로 다가온다.

폴 리비어 윌리엄스는 정치적 박해와 시민권을 위한 끝없는 투쟁의 시대에 아프리카계 미국인 건축가로 일하면서, 이 대치를 너무나 잘 알고 있었다. 그리고 흑인이 옆에 앉는 것이 불편한 백인 고객들과 마주 앉아서 생각을 묘사할 수 있도록 불편하게 거꾸로 그리는 법을 배우도록 강요받거나, 동료들이 악수하기를 거부하면 뒷짐을 지면서 부지를 조사하도록 요구받는 등, 폴 윌리엄스에게 인종 차별은 돌연하고 갑작스런 충격이나 단발성 사고가 아니었다. 그에게 인종적

오른쪽 : 카렌 허드슨(Karen Hudson)은 폴 리비어 위리엄슨의 손녀이다. 조부가 설계한 로스앤젤레스의 자택에 있는 라나이(lanai; 하와이식 베란다) 안에서 사진을 찍었다.

아래쪽 : 로스앤젤레스 국제공항에 있는 상징적인 테마 빌딩의 돔

폭력은 경력의 상당 기간 터무니없는 사회적 괴롭힘을 참아내기를 강요받는 일이고, 마음이 갈려 나가는 일을 반복해서 겪어야 하는 일이었으며, 이를 외면하지 않고 직시해야 하는 대결까지 포함된 개념이었다.

그럼에도 불구하고 윌리엄스의 이야기는 억압보다는 승리로 기억된다. 1923년 불과 29살에 미국건축가협회(American Institute of Architects, AIA)의 첫 아프리카계 미국인 회원이 되었고, 34년 후에는 명망 있는 회원만 가입할 수 있는 선임건축가회(College of Follows)에 등록된 최초의 흑인 회원이 되었다. 반세기가 훨씬 넘는 선구자적인 경력 동안 윌리엄스는 2,500개가 넘는 건물들을 설계했는데, 그중 다수가 윌리엄스의 창작활동에 독특함과 다원성으로 일조한 고향 로스앤젤레스에 있다. 또 건물 대부분이 헐리우드 황금기의 스타들을 위한 호화로운 주택이었다. 그의 고객 리스트는 놀랍기 그지없다. 캐리 그랜트(Carry Grant), 프랭크 시나트라(Frank Sinatra), 바바라 스탠윅(Barbara Stanwyck), 루실 볼(Lucille Ball)과 빌 코스비(Bill Cosby)는 그의 고객 중 일부였고, 현대 할리우드에서는 덴젤 워싱턴(Denzel Washinton), 앤디 가르시아(Andy Garcia)와 엘런 드제너러스(Ellen DeGeneres) 모두 윌리엄스가 설계한 집에서 살았다.

윌리엄스는 LA와 그 너머에서 다수의 공공기관과 공공주택 프로젝트를 포함하는 공공시설도 설계했다. 그의 관대함을 보여주는 사례 중 하나를 언급하자면, 자신의 참여를 숨기고 친구이자 코미디언인 대니 토머스(Danny Thomas)를 위해 멤피스(Memphis)에 있는 세인트 저드 아동병원(St. Jude's Childrean's Hospital)(1962)을 무료로 설계했다. 윌리엄스는 또한 LA의 가장 유명한 건물 중 하나인 로스앤젤레스 국제공항(Los Angeles International Airport)을 위한 상징적인 테마 빌딩(LAX Theme Building, 1961)을 설

위쪽 : 라스베이거스에 있는 모더니즘의 가디언 엔젤 대성당

오른쪽 : 라 콘차(La Concha) 모텔의 독특한 모양

계했다. 유연한 커브를 그리며 동세를 만들어내는 뼈대로만 구성된 돔은 놀라울 정도로 미래지향적인 팝아트처럼 표현되어 있다. 이 건물은 도시와 세계 공항설계의 돌아다니는 뼈대만 있는 돔의 놀랄 만큼 미래적인 팝아트의 표현으로, 도시와 세계 공항설계의 바래지 않는 상징이 되었다. 이 테마 빌딩은 종종 구기(Googie) 건축이라고 불리던, 1960년대 미국을 사로잡았던 우주시대의 선구적인 스릴과 흥분을 체화한 작업의 일환으로 이해되기도 한다.

윌리엄스는 변변치 않은 환경에서 태어났고 어려서부터 고난과 투쟁을 경험했다. 부모는 그가 겨우 4살일 때 결핵으로 사망했고, 그 후 그는 부모와 친했던 가족에 의해 길러졌다. 그가 타인을 위해 이상적인 집을 설계해야 한다는 생각에 사로잡히게 된 것은 아마도 어린 시절 안정적인 집이 결핍되었기 때문일 것이다. 1921년 가족과 친구들의 방해에도 불구하고, 미시시피주(Mississippi) 서부의 최초의 흑인 등록 건축사가 되었다.

3년 후, 놀랍게도 윌리엄스는 자신의 사무실을 열었고, 향후 수십 년 동안 할리우드와 베벌리힐스(Beverly Hills)에서 가장 호화로운 대저택을 설계했다. 그의 설계에서 주목할 만한 것은 다양성이다. 그는 영국 튜더(English Tudor), 프랑스식 성채(French chateau), 스페인식 빌라(Spanish Villa), 리젠시(Regency), 콜로니얼(Colonial), 아르데코(Art Deco) 등 어떤 양식도 잘 표현했다. 그가 이 다양한 작품을 하나로 묶을 수 있던 것은 캘리포니아 정신에 내재한 열망을 잘 이해하고, 이를 교묘하게 가정생활로의 도피와 사생활에서의 구현이라는 방식으로 상품화하는 재능이 있었기 때문이다. 필연적으로 그의 건물은 화려한 부를 상징화했다. 소용돌이치는 계단은 이를 표현하는 윌리엄스의 특징적 모티프가 되었다.

윌리엄스는 아이러니하게도 생애 대부분 그의 피부색 때문에 그가 저택을 설계한 많은 동네에서 살지 못했다. 하지만 그는 결코 그가 직면하는 편견에 겁먹지 않았고, 그것을 이용하여 더 위대한 일을 해냈다. 아래의 가슴 아픈 인용문에서 입증된, 그가 억업에 대처하는 탄력적인 접근방식은 폴 리비어 윌리엄스를 20세기 건축에서 우리에게 가장 영감을 고취하는 인물로 확립한다; "내가 흑인이라는 사실이 내 의지를 억제하도록 내버려 둔다면, 나에게 필연적으로 패배의 습관이 생기게 될 것이다."

770

루이스 칸

미국 1901년–1974년

대표작 :
솔크 연구소, 필립스 엑시터 아카데미 도서관, 예일대학교 미술관

건축 양식 :
모더니즘

위쪽 : 루이스 칸

모더니즘과 중세 건축 사이의 공통점은 많지 않지만, 루이스 칸은 이들을 융합하여 20세기에 가장 영향력 있고 찬사를 받는 건물들을 창조하는, 실로 비범한 작업을 수행했다.

위쪽 : 샌디에이고에 있는 솔크 연구소의 대칭이 주는 아름다움

나이 50대에 칸이 전면에 나서게 되었을 때, 국제주의 양식은 대유행이었고, 칸 자신이 처음에 작업했던 양식이었다. 그러나 칸의 관심을 끌었던 것은 국제주의 양식의 유리 외피와 강철 골조가 아니라 훨씬 더 오래되고 모호한 2가지 건축적 혈통이었다.

그는 에스토니아에서 가난에 허덕이는 유대인 가정에서 태어났다. 가족은 칸의 미술에 관한 재능을 펼치도록 해줄 연필조차 사줄 수 없는 형편이었다. 칸은 5살 때 미국으로 이주하여 펜실베이니아대학교(University of Pennsylvania)에서 건축학을 전공했다. 이후 그는 두 번의 중요한 지점에서 그의 고향인 유럽을 순회했고, 이는 그의 후기작업에 많은 영향을 남겼다. 첫 번째로, 1928년 젊은 시절 그는 성벽으로 둘러싸인 중세시대 요새의 스코틀랜드 성과 놀라운 카르카손(Carcassonne)같은 프랑스의 요새화된 도시에 빠져들었다. 그 후, 1950년, 그는 이탈리아, 그리스와 이집트를 순회하기 위해 돌아왔고, 특히 폐허가 된 형태로 보존된 고대 유적의 낭만성에 매료되었다.

두 번의 여행은 칸이 1951년 이후 작업에서 나타나기 시작하는 그만의 독특한 스타일을 확립하는데 도움을 주었다. 국제주의 양식이 가벼움과 투명성을 추구하는 동안, 칸은 그 반대를 갈망했다. 그는 크게 갈라진 기하학적인 절개를 사용하여 무겁고 하중을 견디는 석조로 기념비적이고 하나로 된 덩어리로 기묘한 조각품을 만들었다. 결과적으로, 칸은 당시 만연했던 형태가 기능을 따른다는 모더니즘 신조를 깨면서, 대신 구조적으로나 다른 방식으로 내부에서 일어나는 일에 대한 어떤 실마리도 드러내지 않는 거대한 외피로 신비한 형태를 창조했다.

칸의 작품에는 항상 강한 영적 차원에 대한 고려가 있다. 그는 정밀한 기하학을 사용하여 캠퍼스 건물을 천문학적 고대의 존재를 드러내는, 세심하게 구성된 건축적인 별자리로 배치하고 있다. 칸은 가공되지 않은 벽돌이나 콘크리트 표면을 활용하면서 '반전의 폐

위쪽 : 다카에 있는 방글라데시 국회의사당 건물은 해자처럼 생긴 수공간에 접해있다.

오른쪽 : 필립스 엑시터 아카데미 도서관(Phillips Exeter Academy Library)은 전형적인 칸의 독특한 스타일의 붉은 벽돌 요새이다.

허(ruins in reverse)' 라고 불렀다. 전해지는 이야기에 따르면 1971년 방글라데시 독립 전쟁(Bangladesh War of Independence)이 한창일 때 폭격기들이 건설 중이던 방글라데시 국회의사당(Bangladesh National Assembly)을 고대 세계의 폐허가 된 유적지로 착각해 지나쳤다는 이야기가 나오는 것도 이 때문이다.

결국 1981년에 완공된 다카(Dhaka)의 국회의사당 건물은 칸의 개성 강한 스타일의 가장 강력한 사례이다. 해자처럼 생긴 호수에서 구세주처럼 솟아 있고, 고정된 도개교로 입구를 조성하면서, 이곳은 마치 중세시대의 요새화된 거대한 성채처럼 보인다. 외관은 눈에 보이지 않는 우주의 신이 일련의 기하학적 상형문자를 음침한 벽에 광적으로 새긴 것처럼 보이기도 한다. 무

더운 샌디에이고(San Diego) 해안에 있는 칸의 솔크 연구소(Salk Institute, 1959-65) 역시 중요한 작업이다. 이 연구소는 덜 괴상하지만 국회의사당 건물과 마찬가지로 엄밀하며 정교한 기하학을 적용하여 기념성을 발현하고, 훨씬 더 큰 기본적이며 초월적인 힘의 감각을 내포하고 있다. 좁은 물줄기가 새겨진 무미건조한 중정은 수공간이 만들어내는 협곡에 의해 한 쌍의 대칭으로 인식되며, 제단처럼 위로 솟아 있는 한쌍의 탄탄한 콘크리트 파빌리온과 함께 조각된 전체로서 조직화된다. 조각된 전체는 다시 햇빛에 노출된 제물과 같이 그것이 이끄는 바다로 겸허하게 나아가고 있다.

칸의 삶과 건축은 주류 생활과는 거리가 있다. 오히려 주류 생활의 변방에 머물며 보통은 움찔하게 하는 특이함에 대한 전적인 옹호로 점철되어 있다. 칸은 세 살 때 석탄 화재 사고로 얼굴에 영구적으로 흉터가 남은 키가 작은 남자였고, 나이 들어서는 대머리를 감추기 위해 아래로 늘어진 나비넥타이와 과장된 빗질을 하는 사내였다. 사생활은 복잡했다. 아내보다 44년 오래 살면서 세 명의 다른 여성에게서 세 명의 자녀를 두었다. 자녀 중 한 명은 2003년 호평을 받은 영화 나의 건축가(My Architect)에서 아버지에 대한 가슴 아린 회고를 펼치고 있다. 칸이 빚에 허덕이며 뉴욕 펜실베이니아역(New york's Pennsylvania Station)에 있는 화장실에서 심장 마비로 죽은 후 이틀 동안 신원이 밝혀지지 않은 채 누워 있었다는 것은 분명 비극이다. 하지만 그것은 아마도 관습에 얽매이지 않고 살았던 삶에 대한, 이상하지만 적절한 추도사일지도 모르겠다.

아래쪽 : 예일대학교 미술관(Yale University Art Gallery)에 있는 나선형 계단

필립 존슨

아마도 거의 100세까지 살고 90년에 걸쳐 여러 건축양식과 특별한 경력을 쌓은 건축가 필립 존슨은 궁극의 건축 카멜레온일 것이다.

미국 1906년–2005년

대표작 :
550 매디슨 애비뉴,
크리스탈 대성당,
게이트 오브 유럽 타워

건축 양식 :
모더니즘/포스트모더니즘

위쪽 : 필립 존슨

그의 경력의 첫 부분은 그를 모더니즘의 열성적인 옹호자로 보이게 했고, 이러한 맥락에서 많은 순수파 모더니즘 건축을 의뢰받았다. 그중에서 대표적인 작업은 1949년 글래스 하우스(Glass House) 주택과 그의 위대한 경쟁자이자 경력 초기 영감의 원천이었던 루트비히 미스 판 데어 로에(Ludwig Mies van der Rohe)의 1958년 시그램 빌딩 작업에 건축사보로 참여한 것이었다.

1960년대와 1970년대에 걸쳐 존슨은 모더니즘 표현 양식을 충실하게 유지했다. 워싱턴(Washington)의 성 안젤름 수도원(St. Anselm's Abbey Monastery, 1960)과 독일에 있는 빌레펠트 쿤스트할레 미술관(Kunsthalle Bielefeld, 1968)뿐만 아니라 IDS 센터 미니애폴리스(IDS Center Minneapolis, 1973)와 휴스턴(Houston)에 있는 펜조일 플레이스(Pennzoil Place)의 유리 마천루의 콘크리트 포디엄 구조물이 이 시기에 해당하는 작업이다. 그러나 존슨은 독단적인 동시대 모더니즘 건축가들과는 달리 현명하고 통찰력 있는 문화적인 감수성을 가지고 있었다. 1970년대 그는 이미 모더니즘이 대중의 환멸감을 일으키고, 사회적 권위주의에 의존하다 실패한 일로 인해 너무 부식되어 마침내 게임이 끝났음을 감지했다.

그래서 그는 방향을 바꾸어 당시에 뜨고 있던 모더니즘의 후계자인 포스트모더니즘의 대열에 합류했다.

맨 위쪽 : 나선형 예배당이 있는 댈러스의 땡스기빙 스퀘어 공원

가까운 오른쪽 : 나선형 스테인드글라스 창을 보여주는 예배당 내부

오른쪽 : 코네티컷주 뉴케이넌의 글라스 하우스

THANKS-GIVING SQUARE

포스트모더니즘은 존슨이 가장 밀접하게 관여한 양식으로, 그는 포스트모더니즘의 주요한 선구자가 되었다. 그가 포스트모더니즘으로 작업한 첫 작업은 향후 건축계에 일어날 일에 대한 단서를 제공했다. 댈러스(Dallas) 땡스기빙 스퀘어(Thanksgiving Square)에 있는 땡스기빙 예배당(Chapel of Thanksgiving)(1977)은 추상적이고 묘하게 난해한 흰색의 나선형 매스로 만들어졌다. 장식은 완전히 제거되었지만 나선형 매스는 이슬람 건축 첨탑의 기둥에서 보이는 소용돌이를 떠올리게 함으로써, 미묘하며 유희적으로 역사적 양식을 참조했음을 보여준다.

존슨의 모더니즘 작품들에서도 그의 역사주의에 대한 공감을 드러내는 신중한 단서들이 항상 있었고, 그의 이전 일부 건물들의 계획과 구조에는 느슨한 고전주의의 정통의 흔적이 있었다. 이것은 모더니즘이 용납할 수 없는 취향이었지만, 포스트모더니즘의 건축가들은 자신의 트레이드마크인 불손한 재발명과 함께 환호했다. 그 후 20년 동안 존슨은 존 버기(John Burgee)와 동업하면서 국제적으로 포스트모더니즘을 알리며, 가장 유명한 작품 중 일부에 포스트모더니즘을 적용했다. 여기에는 뉴욕(New York)의 립스틱 빌딩(Lipstick Building, 1986), 금빛을 띠며 피나클이 있는 고딕 양식 마천루인 피츠버그 PPG 플레이스(PPG Place, 1984), 그리고 3,000명을 수용할 수 있는 장엄한 중세 양식의 대형 교회인 캘리포니아의 크리스탈 대성당(Crystal Cathedral, 1980-90)이 포함된다. 개장시 세계에서 가장 큰 유리 건물이었던 대성당에 지적이 이어지자, 그는 특유의 무미건조한 유머 감각으로 '난방비를 아끼는 것이 걱정된다면 유리로 집을 안 지으면 된다' 라고 교묘하게 비꼬았다.

그러나 존슨이 자신의 가장 유명한 건물인 AT&T 빌딩(1982), 현재 550 매디슨 애비뉴(550 Madison Avenue)로 불리는 건물을 설계했을 때 이 태도는 다시 조금 바뀌었다. 이 건물은 본질적으로 신고전주의 수도원으로, 37층, 200m(656피트)의 높이로 석조 마천루가 8층짜리 고전주의 아치 위에 올려져 있고, 거대한 브로큰 페디먼트(broken pediment)를 마천루 상부에 올리는 방식으로 구성되었다. 노골적인 장식의 적용과 구조에 대한 부정은 모더니즘 건축가라면 배척하는 것이었겠지만, 바로 이점이 건축물이 문화적 영향력을 발휘하기 위한 힘이 되었다. 최초의 포스트모던 건물은 아니었지만, 이 건물은 기업 고객들과 국제무대에서 포스트모더니즘을 정당화했다. 또한 존슨이 신고전주의와 신고딕에 점점 더 몰두하고 있음을 보여주었다. 신고전주의에 대한 관심은 로마시대 건축의 영향을 받은 휴스턴 대학교(University of Houston, 1985)의 하인즈 건축 대학에서 다시 주목받았다.

1990년대에 포스트모더니즘 자체의 인기가 떨어지고 존슨이 80대에 접어들게 되자, 이번에는 해체주의

왼쪽 : 뉴욕 맨해튼(Manhattan)의 550 매디슨 애비뉴

가까운 왼쪽 : 캘리포니아 오렌지 카운티(Orange County)에 있는 크리스탈 성당

오른쪽 : 뉴욕의 립스틱 빌딩

이론을 실험하면서 변모했다. 마드리드에 있는 그의 게이트 오브 유럽 타워(Gate of Europe Towers, 1996)의 교차 브레이스로 만든 위태로운 경사면과 그가 1949년 지은 글래스 하우스를 위해 설계한 다 몬스타 게이트하우스(Da Monsta gatehouse, 1995)의 화려하고 비정형적인 비대칭성에서 우리는 존슨이 프랭크 게리(Frank Gehry)와 대니얼 리버스킨트(Daniel Libeskind)와 같은 이들로부터 크게 영향을 받아 대담하고 표현주의적인 형태에 관심을 가지고 있음을 확인할 수 있다.

일부는 존슨이 다양한 양식을 섭렵한 것을 그가 지적으로 진실성이 결여되었기 때문이라고 비판했지만, 이는 잘못된 해석이다. 존슨은 라이트처럼 변화 사이의 연관성을 유지하며 거침없이 노선을 바꾸며, 팔라디오가 그러하듯 그가 구상한 딱 그 정도 선에서 필요한 만큼 차용하며 미국 건축의 재창조자가 되었다. 이 덕분에 그는 그토록 긴 경력을 유지할 수 있었다. 존슨이 가장 좋아하는 경구 하나가 한때 그의 영웅이었던 미스(Mies)로부터 나왔다는 사실은 이런 면에서 의미심장하다. '나는 독창적이기를 원하지 않는다. 난 잘하길 원한다.'

오스카르 니에메예르

브라질 1907년 – 2012년

대표작 :
브라질 국회, 니테로이 현대 미술 박물관, 브라질리아 대성당

건축 양식 :
모더니즘

위쪽 : 오스카르 니에메예르

처음부터 도시를 건축가 1인이 혼자서 계획하고 설계하는 기회가 주어지는 경우는 드물다.

렌은 런던에서 실패했다. 오스망(Haussmann)은 건축가라기보다는 행정가였지만 파리 개조 계획을 주도한 것으로 유명하다. 루티언스(Lutyens), 두독(Dudok)과 르 코르뷔제(Le Corbusier)도 각각 뉴델리(New Delhi), 힐베르쉼(Hilversum)과 찬디가르(Chandigarh)에서 성공했다. 그러나 이 모든 도시는 그들이 손대기 이전부터 존재해왔고, 그들은 자신의 트레이드마크인 재창조를 통해 그들이 마스터플랜을 세운 영역 내에서 작업한 것이다. 한 명의 건축가가 나라의 수도를 자신의 포괄적인 비전으로 완전히 새롭게 짓는 일은 유래가 드문 일이다.

이런 일을 벌인 건축가는 라틴 아메리카에서 가장 위대한 20세기 건축가로 널리 알려진 오스카르 니에메예르였다. 그는 브라질리아에서 현대 건축이 목격한 가장 놀라운 기념비적인 설계 중 일부를 만들었다. 그 이

위쪽 : 브라질 국회 건물

왼쪽 : 밤의 화려한 브라질리아 대성당(Cathedral of Brasília).

후로는 유기적 유동성과 추상화를 통해 모더니즘 건축이 추구하는 순수함과 역동성을 표출하는 백색의 기념비적 구조물을 연달아, 그것도 좀처럼 선례를 찾아보기 어려운 거대한 규모로 제작했다.

이를 위해 니에메예르는 철근콘크리트의 가능성에 대해 끊임없이 실험했다. 그는 산티아고 칼라트라바(Santiago Calatrava), 장 누벨(Jean Nouvel)과 아만다 레베트(Amanda Levete)와 같은 후기 건축가들에게 큰 영향을 미친 초현대적이고, 표현력이 풍부하며, 매우 표현적인 작업을 전개했다. 또한 조각에 인격을 부여하고 조심스럽게 다루던 조각가와 같이 콘크리트가 달성할 수 있는 구조적, 공학적 경계를 확장했다. 그의 긴 수명과 경력에 걸쳐 이러한 영향은 확장되었다. 그가 마지막 경력으로서 파라이바 대중 예술 미술관(Museum of Popular Arts of Paraiba, 2012)의 거울같은 로툰다 건물을 설계한 것은 100세를 넘긴 나이였다. 그는 105번째 생일 일주일 전에 사망했다.

니에메예르는 고향인 리오(Rio)에서 포르투갈과 독일

계 중산층 가정에서 태어났다. 1934년 리우 국립 미술학교(Rio's National School of Fine Arts)를 졸업한 후 브라질 모더니즘의 위대한 건축가이자 도시 계획가인 루초 코스타(Lúcio Costa)가 니에메예르를 고용하기 위해 설득하면서, 이 태평한 보헤미안 청년은 진로의 큰 전환기를 맞이하게 된다. 2년 후, 그는 코스타가 따낸 새로운 교육과 보건부 청사를 위한 의뢰에 자신의 영웅 르 코르뷔제를 고문으로 초빙하도록 코스타를 설득했다. 건물은 1943년, 니에메예르가 이끄는 팀에 의해 설계되었고, 세계 최초의 모더니즘 양식으로 지어진 공공 부문 마천루라는 명칭을 획득하면서, 브라질과 라틴 아메리카 전역의 모더니즘 건축 발전에 큰 영향을 미쳤다. 이 작품은 니에메예르의 코르뷔제 해석, 또는 코르뷔제로부터 받은 영향의 정도를 온전히 보여주고 있다. 특히 1층 필로티와 엄격한 콘크리트 외피를 통해 니에메예르의 초기 작품이 르 코르뷔제의 영향을 받은 정도를 알 수 있다.

니에메예르는 비슷한 맥락에서 계속 작업했다. 그의 경력은 뉴욕의 유엔 본부(United Nations HQ, 1952)에서 르 코르뷔제와 다른 이들과의 협업을 통해, 브라질리아 이전기준으로는 정점에 도달했다. 이 작품의 저층부 포디엄 전면의 콘크리트 장막벽에서 니에메예르의 트레이드마크 주제가 될 곡선의 출현을 시도했다. 니에메예르는 조국의 자연과 지형을 떠올리게 하는 '자유롭게

오른쪽 : '니에미예르의 눈'으로도 잘 알려진 오스카르 니에미예르 박물관

아래쪽 : 상파울루에 있는 에디피시오 코판 마천루

흐르는 감각적인 곡선'에 매력을 느낀다고 말했다. 그는 건축을 부드럽게 하고 인간적으로 만들기 위해 곡선을 적용하면서, 유기적 공명(resonance)를 가득 채워 넣었다. 이 점에 그가 코르뷔제로부터 갈라져 차별화된 지점이다. 곡선은 브라질 남동부에 있는 아시시의 성 프란체스코 바실리카(Church of St. Francis of Assisi, 1943), 상파울루(São Paulo)에 있는 에디피시오 코판(Edificio Copan,1960) 마천루, 곡선을 쓴 것 중 가장 특이할 법한 쿠리치바(Curitiba)의 오스카르 니에메예르 미술관(Oscar Niemeyer Museum, 2002) 등 그가 오랜 경력 동안 설계한 건물 대부분에서 끊임없이 나타난다.

브라질리아는 니에메예르의 경력 가운데 가장 결정적인 것으로, 곡선을 사용함에 있어도 강력한 인상을 남긴다. 니에메예르는 주요 책임 계획가로써 이전 직장 상사 코스타와 함께 1956년부터 1960년까지 41개월 만에 브라질의 새로운 수도를 합리적이고 미래적인 도시계획을 보여주는 거대한 모더니즘 전시장으로 건설했다. 그가 설계한 공공기관, 상업과 주거 용도의 건물 중 가장 유명한 것은 부풀어 오른 콘크리트 돛의 넘실거리는 열주가 있는 대통령궁, 꽃이 피고 골이 진 쌍곡선으로 만들어낸 브라질리아 대성당, 그리고 브라질 국회(National Congress of Brazil), 이렇게 세 작업이다. 이 가운데 국회 건물은 가장 눈에 띄는 건축물로 한 쌍의 수직 동과 위로 향하는 엄숙한 받침과 무덤같이 생긴 건물로 구성되었다. 이 건물들은 모두 니에메예르가 건축을 만들고 모더니즘을 인간화하기 위해 활용했던 원시적 기하학의 힘, 자연주의적 모방과 멋진 조각적 형태 사이의 놀라운 안무를 보여준다.

에로 사리넨

핀란드/미국

1910년 – 1961년

대표작 :
TWA 호텔,
워싱턴 덜레스국제공항,
세인트루이스 게이트웨이 아치

건축 양식 :
모더니즘

위쪽 : 에로 사리넨

에로 사리넨은 20세기의 미국 건축계에서 가장 위대한 인물 중 한 명이다. 그는 디자인의 진정한 대가였다.

사리넨은 유명한 가구 디자이너 찰스 임스(Charles Eames)와 가족끼리 친한 지인이 설립한 놀(Knoll)사와 협업했다. 이 선구적인 가구회사는 사리넨과의 작업을 통해 다수의 중요한 가구를 설계했다. 그중 하나는 1956년 만든 회전이 가능한 튤립 의자로, 사리넨이 모더니즘적 가치를 소비지상주의적인 생활 방식에 능숙하게 적용하고 있음을 보여주며, 20세기 중반 디자인을 대표하는 아이콘이 되었다.

건축적으로 보면 사리넨은 주로 항공산업이 기하급수적으로 확장하면서 대중 소비시장으로 편입하던 시기에, 항공산업을 재정의하는데 이바지한 호화로운 미래형 공항으로 기억된다. 뉴욕의 존 F. 케네디 공항에 있는 이전에 TWA 비행 센터(현 TWA 호텔)인 워싱턴 덜레스공항과 아테네(Athens)에 있는 엘리니콘 국제공항(Ellinikon International Airport)의 동부 터미널 빌딩(East Terminal

위쪽 : TWA 호텔

왼쪽 : 존 F. 케네디 공항에서의 TWA 호텔 내부

building)과 같은 그의 대표적인 공항 터미널 작업들은 19세기와 20세기 초의 거대한 철도 종착역이 철도 산업의 황금기를 만들어 낸 것과 상통한다. 철도 종착역의 화려함, 기대감, 구경거리와 현실 도피와 동일한게 사리넨의 공항 건축은 낭만적인 감각으로 1960년대의 상업 항공의 황금기를 장식했다. 미국의 저명한 포스트모더니즘 건축가 로버트 A. M. 스턴(Robert A. M. Stern)은 TWA 터미널을 '제트기 시대의 그랜드 센트럴'이라고 언급하면서 정확하게 지적했다.

LAX에 있는 폴 리비어 윌리엄스(Paul Revere Williams)의 테마 빌딩과 함께 덜레스와 TWA는 세계에서 가장 유명한 모더니즘 공항 빌딩이다. 두 건물 모두 1962년 사리넨이 뇌종양으로 일찍 사망한 이듬해에 개장한 이후 사리넨을 오늘날 가장 극적으로 창의적인 모더니즘 건축가중 하나로 자리매김했다. 덜레스(Washington Dulles International Airport)는 분명히 둘 중 더 합리적이지만, 위로 가며 가늘어지는 거대한 피어의 열주를 두고, 그 위에 높이 들려졌다가 가운데 부분은 급격히 내려오는-현수선을 떠올리게 하는-압도적인 규모의 곡선 지붕을 계획했다. 이러한 건물 형태는 현대 건축에서 가장 탁월하게 비행을 건축적으로 표현한 것으로, 최면상태에 빠지게 할 법한 우아함을 느끼게 한다. 내부는 자연스럽게 늘어진 천과 같은 형상으로 하강하는 중실(中實) 콘크리트(solid concrete) 지붕 슬래브와 피어 사이로 빛을 끌어들이고 미끄러지듯 상승하는 유리 커튼월 사이에 극명한 대조와 드라마가 있다. 대비로 만들어낸 멜로드라마는 천상의 아름다움을 떠올리게 하며 거의 오페라에 필적하는 공간적 스펙터클을 조성한다.

사리넨은 TWA에서 더 유기적이며, 여러 동물로부터 영감을 받은 듯한 수수께끼같은 형태를 통해 비행의 과정을 포착하고 있다. 얇고 넓게 퍼지는 콘크리트 셸로 곡면 지붕을 형성한 후, V자형으로 벌어진 유기적인 위시본(wishbone) 형태의 피어로 지지하고 있다. 곡면지붕과 피어 전체는 웅크리고 있던 새가 날아오를 준비를 마치고 이제 막 날개를 팽팽하게 하는 형상을 통해 비행을 암시한다. 곡선으로 굽이치는 발코니, 아치, 기둥으로 실내공간은 동굴같은 인상이 부여된다. 사리넨은 여기에 우주 시대의 장엄하고, 미래를 기약하는 듯한 표현을 강력하게 통합하면서, 비행기 그 자체로서도 물론 TWA 브랜딩을 상징적으로 전달하였다. 그리스의 엘리니콘 공항(Ellinikon, 1967)은 좀 더 각진 형태로 계획되었다. 이 작업에서 동시대 미국인들만큼의 규모에 대한 욕망과 야망은 볼 수 없다. 하지만 비행장 상공에 높이 떠 있는 캔틸레버 구조의 수평 매스는 하늘을 향한 야망을 감동적으로 표현하는 기하학적 은유로 기능한다.

사리넨은 공항이나 가구 이외에도 보스턴의 크레스기 오디토리엄(Kresge Auditorium, 1956)과 예일대학교(Yale University)의 잉갈스 아이스 링크(Ingalls Ice Rink, 1958)등 많은 작품을 설계했다. 두 작업 모두 그의 트레이드마크인 구조적 역동성을 보여주고 그가 JFK에서 전율적 효과를 위해 적용한 셸 콘크리트구조를 실험했다. 오슬로(Oslo, 1959)와 런던(London, 1960)을 위한 미국 대사관 설계안은 그다지 성공적이지 못했다. 이 작업에서 사리넨은 역사적 맥락에 제약을 받으면서, 경직되고 꽉 막힌 듯한 디자인을 하도록 강요받았다.

비행과 미래, 두 가지 주제에 몰두하며 경력을 쌓은 건축가에게 이런 상황은 예측 가능한 일이었다. 공항 밖에서 사리넨은 세인트루이스에 있는 게이트웨이 아치 기념비(St. Louis Gateway Arch, 1967)에서 같은 주제를 가장 인상적인 방식으로 풀어 놓는다. 이 기념비는 192m(630피트) 높이로 여전히 세계에서 가장 높은 아치라는 타이틀을 유지하고 있다. 작품은 도약하는 포물선 형태 바깥을 반짝이는 스테인레스 강 외피로 피복하면서 아치 개념을 추상적으로 전달한다. 계획 자체는 일찌감치 1947년에 진행되었다. 이토록 거대한, 마치 미래 세기를 다루는 공상과학 소설 속 연대기에서 등장할 법한, 포털이 그때 구상되었다는 일이 믿기지 않을 것이다. 사리넨은 건축에 대한 비범한 비전과 독창성을 바탕으로 미래와 비행을 연결하여 시적이며 유쾌한 방식으로 표현하였다. 그는 자신의 타고난 능력을 훌륭한 작업들을 통해 증거하고 있다.

아래쪽 : 워싱턴덜레스공항의 본관 터미널

오른쪽 : 미주리주(Missouri) 세인트루이스에 있는 게이트웨이 아치

미노루 아마사키

미국 1912년－1986년

대표작 :
월드 트레이드 센터(쌍둥이 빌딩), 노스웨스턴 내셔널 라이프 빌딩, 프루이트 아이고 주거단지

건축 양식 :
모더니즘

위쪽 : 미노루 아마사키

모더니즘의 삶과 죽음에 대한 우화를 보여주는 건축이 있다면, 그것은 미노루 아마사키의 몫이 될 것이다.

아마사키는 미스의 강령을 추종하는 건축가(Miesian)들 중에서도 정통파 마지막 후예였다. 그는 미스가 '적은 것이 많은 것(less is more)'이라 언급했던 바를 미국의 현대미술을 상징하는 마천루에 반복적으로 적용했다. 동시대 모더니즘 건축가들보다 마천루를 더 직관적으로 이해했으며, 특히 마천루에서 시각적인 수직성을 다루는데 대단히 능숙했다. 뉴욕 월드 트레이드 센터의 상징적인 쌍둥이 빌딩(World Trade Center(Twin Towers)이 완공 이후 얼마간 세계에서 가장 높은 건물이었으며, 격변에 의한 파괴 이전에도 인류 역사상 가장

아래쪽 : 프리스턴대학교에 있는 로버트슨 홀(Robertson Hall).

오른쪽 : 시애틀 세계 박람회(Seattle' s World Fair)를 위한 미국 사이언스 파빌리온(US Science Pavilion).

유명한 건축 구조물 중 하나였다.

그럼에도, 너무 높이 올라간 이카로스처럼, 야마사키의 작업은 이념적인 극단에 기초한 것으로, 모더니즘 최후를 예견하는 씨앗 역시 내포하고 있었다. 그의 건물 중 비정상적일 정도의 높은 비율의 작업들이 화재, 테러, 또는 철거로 파괴되었음은 모더니즘 종말이 숙명적이었던 것이 아니었을까 하는 생각을 품게한다. 야마사키가 모더니즘 건축의 실패에 중추적 역할을 했다는 비난을 받은 이유는 그가 진행한 작업의 규모 때문이기도 했다. 마천루보다는 공공 주택 프로젝트에서 이러한 점이 두드러진다. 건축 역사학자 찰스 젱크스(Charles Jencks)는 1972년 세인트루이스에 있는 야마사키의 프루이트 아이고 단지(Pruitt-Igoe Housing)의 철거를 일컬어, '모더니즘이 죽은 날(the day Modernism died)'로 명명했다.

미노루 야마사키는 시애틀에서 일본인 이민자 부모 사이에서 태어났다. 자신의 사무실을 열기 전, 1949년 엠파이어 스테이트 빌딩(Empire State Building)을 설계한 슈리브, 램, 하몬(Shreve, Lamb & Harmon) 사무소에서 경력을 시작했다. 1950년대와 1960년대 초반에는 미국 모더니즘의 하위 분류였던 신형식주의(New Formalism)에 기반하여 작업했다. 이때 그의 건물은 초기 경력의 경향

을 대표하며 대칭과 열주를 고전주의적으로 적용했다. 미니애폴리스에 있는 노스웨스턴 내셔널 라이프 빌딩(Northwestern National Life Building)의 날렵한 고전주인적 수도원(1965)이 가장 두드러진 예가 될 것이다.

1960년대와 1970년대는 미국 전역에 야마사키의 인장으로 기억될 수십 개의 마천루를 설계했다. 그는 미스적 방법론에 따라, 마천루에 강한 인상을 주는 수직판과, 수직선 패턴을 가진 기둥을 사용하여 높이에 대한 감각을 극적으로 증폭시키려 했다. 압도적인 수직성을 드러내는 작업을 통해 그가 설계한 마천루는 작업은 단순하면서도 강력한 수직의 축으로 추상화되었다.

이 전략은 그의 경력에서 가장 중요한 건물인 월드 트레이드 센터(1971)의 극적인 방식으로 절정에 달했다. 110층짜리 마천루 두 개 동이 거의 1,500만 제곱 피트의 사무실 공간을 제공한다. 이는 최근까지 런던의 카나리 워프(Canary Wharf) 금융 지구 전체의 면적과 거의 비슷한 수준으로 월드 트레이드 센터 이전에는 이런 규모로 고층 빌딩이 구상된 적이 없었다. 이 작업의 수직성은 매우 세련된 방식으로 강조되었다. 타워 외피를 촘촘하게 둘러싸는 기둥은 구조적 기능을 겸하는 튜브

구조의 요소로서, 외주부의 다발 기둥을 간결히 사용하는 것만으로 수직성을 두드러지게 표현했다. 바닥에서 올려다볼 때 그 효과는 극대화된다. 흐린 날 수백 개의 수직선이 구름을 뚫고 무한의 하늘을 향해 돌진하는 것을 보면서, 우리는 천상의 축을 생각하는 스스로를 목격하게 된다.

평행하게 내달리는 수직 타워는 원근법의 소실점 수렴 효과로 인해, 시각적으로는 하늘을 향해 거대한 메가 아치(mega-arch)로 압축되는 듯처럼 보인다. 두 개의 타워를 이용하여 수직성을 배가하는 방식은 뉴욕의 초기 마천루를 떠올리게 하며, 동시에 야마사키의 작품이 고딕을 우화적으로 활용하였음을 보여준다. 월드 트레이드 센터는 인간의 핵심적 감정인 흥분과 경외를 자극하면서, 마천루의 본태적 힘을 보여주는 결정적인 사례로 남아있다.

월드 트레이드 센터가 역사상 최악의 테러 공격에 쓰러지기 전에도, 이 탑들은 규모와 표현방식에 대해 상당한 비판을 유발했다. 어떤 이들은 임박한 종말론적 파멸의 전조로 받아들이기도 했다. 하지만, 자신의 건축물이 수명을 다하지 못하고 소실되는 비극은 이미 1,000마일 떨어진 세인트 루이스에서 일어났다. 야마사키의 미군 인사 기록 센터(Military Personnel Records Center, 1955)의 단조롭고 거대한(hulk) 건물은 1973년 화재로 거의 소실되었고, 그 한해 전에는 그의 초기 주요 프로젝트 중 하나인 프루이트 아이고 단지가 철거되었다.

1956년에 문을 연 프루이트 아이고는 코르뷔제의 원칙을 기반으로 11층 규모 주거동 33개를 획일적으로 배열한 것으로, 대략 3,000세대를 수용할 수 있는 거대한 공공주택 단지였다. 처음에는 저소득 주민들을 위한 현대 도시 생활의 훌륭한 사례로 칭송되었지만, 1971년에는 범죄, 갱단, 사회 비행, 물리적 노후로 인해 주거동 절반이 방치되고, 나머지 주거동에는 600명이 안 되는 인원만 살고 있었다. 그 단지가 철거된 것이 설계, 잘못된 유지관리 또는 사회의 요인 때문인지에 대한 논쟁은 여전히 격렬하다. 그러나, 야마사키의 유산은 정당화될 수 없다. 가장 유명한 두 프로젝트 모두 심각한 오명을 벗어나지 못하고 있다는 것에서 우리는 간접적으로 그 이유를 들여다볼 수 있다.

왼쪽 : 2001년 테러 공격으로 소실되기 전 쌍둥이 빌딩. 뉴욕의 상징이었다.

아래쪽 : 세인트루이스에 있는 프루이트-아이고 주거단지의 방치된 건물들.

I.M. 페이

중국/미국
1917년 – 2019년

대표작 :
루브르 피라미드, 존 F. 케네디 도서관(John F. Kennedy Library), 중국은행 타워

건축 양식 :
모더니즘

위쪽 : I. M. 페이

1980년대, 이오 밍 페이(Ieoh Ming Pei)는 위대한 베르니니조차도 300년 전에 성취할 수 없었던 무언가를 했다. 그는 프랑스 문화의 발할라(Valhalla), 파리(Paris)에 있는 루브르 박물관(Louvre Museum)을 확장한 최초의 외국인 건축가가 되었다.

1670년대에, 베르니니(Bernini)는 루브르 박물관(the Louvre)의 동쪽 동에 대한 그의 제안이 거부되었을 때 화를 내며 로마로 돌아왔지만, 1980년대에, 리처드 로저스(Richard Rogers)와 렌초 피아노(Renzo Piano)의 퐁피두 센터(Pompidou Centre)는 프랑스가 국가적 시설을 외국인 건축가에게 맡기는 일이 가능해졌음을 알려주는 중요한 사건이었다. 이후 페이가 도약하면서, 즉 루브르 증축 설

아래쪽 : 세계적으로 인정받는 파리에 있는 루브르 박물관의 유리 피라미드

오른쪽 : 페이가 자신의 인생에서 가장 중요한 의뢰로 말했던 존 F. 케네디 도서관.

John F. Kennedy
PRESIDENTIAL LIBRARY AND MUSEUM

위쪽 : 루브르 박물관의 피라미드 안에서 본 풍경

계를 맡게 되면서, 이 중국계 미국인 건축가는 그의 경력을 정의하는 건물이자, 그 시대의 가장 자신의 원칙과 접근방식을 시적 울림으로 전하는 건축물을 만들었다.

루브르 피라미드(Louvre Pyramid, 1989)는 건설되기 전에 큰 논란을 일으켰고, 프랑스 기득권층과 대중들의 분노에 불을 지폈으며, 많은 이들이 잔혹 행위라고 공개적으로 비난했다. 그러나 오늘날 루브르 피라미드는 파리에서 가장 잘 알려진 건축 구조물 중 하나이며, 루브르 피라미드가 있는 마당의 르네상스식의 주변과 이질감을 느낄 수 없이 서 있다. 이러한 변화는 새로운 구조를 매우 민감한 역사적 맥락에 조화시키는 페이 특유의 기술 덕분이다.

페이는 기하학을 다루는 엄청난 소질로 정의될 수 있다. 그가 쓰는 기하학은 종종 입체파의 순수성에 근접하는 모습을 보였다. 그는 간단한 모양(특히 삼각형)을 서로 결합하고 문맥에 어울리게 통합하는 능력으로 유명했다. 루브르 박물관에 그는 주변 망사르드(Mansard) 지붕의 경사면과 조응하는 단순한 피라미드 형상을 선택했다. 그는 300년 전 바로크 시대의 위대한 조경사 앙드레 르 노트르(André Le Nôtre)가 계획한 주변 지역의 기념비적인 도시 축과 엄밀하고 정교하게 정렬되도록 했으며, 투명성을 저해하지 않도록 가능한 가장 깨끗하게 속이 보이는 유리공사 방식을 지정했다. 잘못하다간 그의 경력을 끝낼 가능성이 있는 프로젝트였다. 결국, 그는 해냈다.

페이가 루브르에서 보여준 맥락적 민감성, 이질적 역사 사이의 조화, 대담한 기하학적 역량은 79년에 달하는 놀라운 경력을 정의하는 특징이었으며, 그가 누린 대단한 성공의 핵심이었다. 1963년 충격에 빠진 댈러스가 케네디(Kennedy) 대통령 암살 이후 명예 회복을 시도했을 때, 시장 대행은 페이가 거의 반세기 동안 다양한 모습으로 운영한 I. M. Pei & Associates 관행에 눈을 돌려 새로운 시청을 설계해 달라고 요청했다.

뛰어난 도시 계획가이기도 했던 페이는 밖으로 나가 끝없이 거리를 돌아다니며 주민들과 도시에 관해 이야기하고 도시의 형태와 성격을 분석하였다. 그 결과, 댈러스 시청(1978)은 의도적으로 주변 시내의 고층 형식을 거부하고, 급격하게 경사진 외피가 이글거리는 텍사스 태양으로부터 반가운 그늘을 제공했다. 인접 광장은 그 시청을 이용하려는 사람들의 매력을 살 수 있도록 계획되었다. 이 건물의 성공은 페이를 다른 5개의 도시 프로젝트들로 이끌어 주었다.

이러한 접근은 페이의 전형적인 방법이었다. 항상

변함없는 미소와 활기찬 성격은, 코르뷔제를 따르는 모더니즘 건축가에 대한 대중적 이미지, 즉 불변의 의지를 일방적으로 도시에 강요하는 사회적 주술사같은 인상과 견주어 보면 극명한 대조를 보였다. 페이는 결코 외향적인 포스트모더니즘 건축가가 아니었지만, 모더니즘의 엄격한 정통성을 거부하고 건축물의 맥락적 효과를 고려하는 좀 더 직관적인 접근을 선호하는 경향이 있었다.

그의 오랜 경력 동안, 이 방법론은 페이가 그의 광범위한 작품 컬렉션에 걸쳐 믿을 수 없는 미적 다양성을 유지할 수 있게 해주었다. 로키 산맥(Rocky Mountains)의 구릉에 있는 그의 메사 연구소Mesa laboratory, 1967)에는 험준하게 깎은 대지에 투박한 잠망경의 탑으로 외관의 인상을 만들었다. 호평을 받는 워싱턴 DC(Washington DC) 소재의 내셔널 갤러리 동관(National Gallery East Building)(1978)에서(그가 설계한 여러 문화적인 프로젝트 중 하나) 그 극명하고 조각적인 기념비는 이웃의 신고전주의적 서관과 동일한 테네시(Tennessee) 대리석에 호화롭게 마감되었다. 그리고 베이징(Beijing)에 있는 프레그런트 힐 호텔(Fragrant Hull Hotel)에서 페이는 그의 출생지인 중국 전통적인 주제에서 영감을 받아 주변의 자연과 풍경에 대해 (정치적으로 논쟁의 여지가 있더라도) 세련된 반응으로서, 은신처 같은 이문화 집단의 거주지를 만들었다. 페이의 경우, 프로젝트가 무엇이든 간에 오직 맥락과 기하학이라는 두 개의 상수만 있었다. 아마도 그의 모더니즘 선조들과 대조적으로, 그에게는 양식보다 자신의 상수가 더 중요했다.

위쪽 : 인상적인 중국은행 타워(Bank of China Tower)

예른 웃손

덴마크 1918년 - 2008년

대표작 :
시드니 오페라 하우스,
쿠웨이트 국회, 박스베어드 교회

건축 양식 :
모더니즘

위쪽 : 예른 웃손

직업적 정당성과 개인적 구원은 예른 웃손의 인생 이야기의 주제이다.

직장 동료, 상사 또는 고객과의 분쟁을 견뎌본 적이 있는 사람이라면 어느 순간 어떤 엄청난 어마어마한 폭로가 패배의 경험이 아니라 그들이 내내 옳았다는 것을 증명하는 복수에 대한 환상을 가질만 하다. 1973년 엘리자베스 2세 여왕이 웃손의 대표 프로젝트의 개장식 밤에 그의 이름에 대한 언급을 금지하려는 것을 막거나, 행사 초대권을 위해 애쓰는 상황에서도 웃손은 폭로를 선택하지 않았다. 그러나 그가 설계한 시드니 오페라 하우스와 함께 웃손은 극심한 학대와 비난을 견뎌냈고 결국 건설 중간에 망명해야 했다. 시드니 오페라 하우스(Sydney Opera House)는 결국 20세기 건축의 가장 위대한 작품 중 하나이자 세계에서 가장 유명하고 사진으로 담긴 건축물 중 하나로 알려지게 되면서, 현대 건축에서 뛰어난 인물로서의 웃손의 명성은 그가 얻기 위해 겪었던 적대감보다 오래 지속되었다.

오페라 하우스의 문제는 1957년까지 거슬러 올라가 시작된다. 당시 39세의 웃손은 여행을 사랑하고 프랭크 로이드 라이트(Frank Lloyd Wright)와 핀란드 모더니스트 알바 알토(Alvar Aalto)의 작품에 매료된 덴마크의 이름 없는 건축가였다. 뜻밖에도 세계 최고의 건축가들 일부를 제치고 호주를 위한 새로운 국립 오페라 하우스를 설계하기 위한 공모에서 당선되었는데, 당시 심사위원인 에로 사리넨(Eero Saarinen)은 이 제안을 '천재'라고 선언했다. 웃손은 이 작품을 짓기 위해 호주로 이주했다.

그 프로젝트에 끊임없는 악다구니로 비난이 발생한 것은 웃손이 젊거나 경험이 부족했기 때문이 아니었다. 주 정부가 너무 서둘러 개념 스케치에 불과한 것을

아래쪽 : 세계에서 가장 유명한 건물 중 하나인
시드니 오페라 하우스.

왼쪽 : 박스베어드 교회, 코펜하겐

왼쪽 아래 : 쿠웨이트에 있는 국회 건물.

오른쪽 : 시드니 오페라 하우스의 북쪽 입면도 그림으로, 나무 모형을 분할한 사진 세 장이 포함되어 있다.

가지고 공사를 강행하려 했기 때문이다. 이 조급함은 구조적인 문제, 계약상의 분쟁과 설계 수정의 사태로 이어지며, 건물의 완공을 10년이나 늦어지게 했다. 그 결과 예산은 1,357%이나 초과되어 웃손과 그의 건축주 사이의 관계를 돌이킬 수 없이 악화시켰다. 1966년 새로운 주 정부가 웃손의 정기적 요금 청구 중 하나를 받아들이지 않자, 그는 건물을 반쯤 지은 채 사임하고 덴마크로 떠나 다시는 돌아오지 않았다.

그러나 웃손이 세계에서 가장 뛰어난 작품을 설계했다 것은 시간이 증명했다. 오페라 하우스의 놀라운 디자인은 물 속에서 솟아오르며 입을 벌리는 바다표범 떼처럼, 다양한 크기의 14개의 크리스탈 같은 세라믹 셸을 포디엄(podium) 위에 배치하는 것에서 시작되었다. 이 건물은 덴마크 건축의 자연주의와 시대를 훨씬 앞서간 미학 및 공학적인 감성과 결합한다. 사실, 이 프로젝트의 과정이 우여곡절을 겪은 이유 중 하나는 복잡한 구형 셸을 구현하기가 구조적으로 현저하게 어려웠기 때문이다. 웃손이 영향을 못 미친 오페라 하우스 초기의 음향 설계에 극심한 한계가 있었음은 잘 알려져 있다. 하지만 웃손의 작품은 조각적인 순수성, 시각적 역동성과 숨 막힐 듯한 독창성으로, 세계 무대에서 호주의 존재감을 높이고 국제 수준의 문화적 아이콘을 창조했다. 호주에서의 고달픈 시련에도 불구하고, 웃손은 덴마크로 돌아왔을 때 인상적인 건축 작업을 재개했다. 코펜하겐의 박스베어드 교회(Bagsverrd Church, 1976)의 관능적으로 둘러싸인 실내 공간뿐 아니라, 훨씬 더 평범한 주거, 소매점, 문화 프로젝트를 설계하며 호평을 받았다. 그의 작품은 그의 트레이드마크인 조용한 친밀감과 자연주의적인 공감을 드러내는 특징이 있었다. 또한 모듈식 에스판시바(Espansiva) 주택 체계를 고안하여 혁신적인 프리패브리케이션(prefabrication : 조립식 건축)을 위한 기술을 실험했다.

호주 이후 그의 가장 중요한 작품은 쿠웨이트 국회(Kuwait National Assembly, 1982)였다. 그곳은 광대한 콘크리트 캐노피(concrete canopy)와 기념비적인 원통형 열주로 구성된 작업이다. 여기서 웃손은 워싱턴 덜레스공항에서 사리넨(Saarinen)이 했던 것에 몰두하면서 시드니 오페라 하우스 계획에서 보이는 유기적인 에너지 일부를 되찾았다. 웃손은 오스카르 니에메예르(Oscar Niemeyer)와 더불어 그들의 생전에 유네스코 세계 문화유산(UNESCO World Heritage Site)에 등재된 건축물을 설계한 단 두 명의 건축가이다. 호주에서의 작업은 고통스러웠지만, 이로 인해 그는 영원히, 적절한 방식으로 그의 걸작과 함께 기억될 수 있게 되었다.

노마 메릭 스클라렉

미국 1926년 – 2012년

대표작 :
주일미국대사관, 로스엔젤레스 국제공항 제1터미널, 퍼시픽 디자인 센터

건축 양식 :
모더니즘

위쪽 : 노마 메릭 스클라렉

편견에 대한 주기적인 잔인함 중 하나는 박해받는 집단의 업적을 부정하는 것이 더 나아가 발전이 수확될 수 있는 바로 그 정체성을 침식시키는 데 연루되어있다는 것이다.

투명성이 영감을 주는 경우는 드물었고, 흑인 미국 여성 건축가 노마 메릭 스클라렉보다 이 악순환에 더 제약을 받은 사람은 거의 없었다.

42년의 놀라운 경력 동안 아르헨티나계 미국인 건축가 시저 펠리(César Pelli)와 함께 광범위하게 작업했던 스클라렉은 캘리포니아에서 대규모 상업 개발을 담당했으며, 세계에서 가장 큰 미국 대사관 중 하나를 공동 설계했고, 1984년 하계 올림픽에 맞춰 로스앤젤레스 국제공항에 제1터미널 건설을 지휘했다. 그리고 가장 미

오른쪽 : 할리우드힐스(Hollywood Hills)에 자리 잡은 퍼시픽 디자인 센터.

아래쪽 : 1984년 캘리포니아의 로스앤젤레스 공항.

국적인 소비주의 상징인 쇼핑몰의 건축적 발전을 촉진하는 데 중요한 역할을 했다. 하지만 그녀의 인종과 성별 때문에, 그녀는 공식적으로 이러한 사업 중 하나인 도쿄의 미국 대사관에 중요한 공헌자로 인정받았다.

그러나 스클라렉의 삶은 대단히 놀라운 성취를 보였고 그녀는 결국 인정받았다. 1954년에 미국에서 건축사 자격증을 가진 세 번째 흑인 여성이었고, 1980년에는 명망 있는 미국 건축 대학 협회의 펠로우에 선출된 첫 흑인 여성이 되었다. 그리고 그녀는 1985년에 당시 미국에서 가장 큰 여성 소유의 건축 사무실인 시겔 스클라렉 다이아몬드(Siegel Sklarek Diamond)를 공동 설립했다. 스클라렉은 역경 속에서 번창했다. 백인 남성들이 지배하는 직업에서, 그리고 인종차별적인 시민권 시대를 보내면서 인종과 성별의 두 가지 전선에서 상상할 수 없는 편견과 차별을 견뎌내면서 말이다.

할렘(Harlem)에서 바베이도스 출신 부모 사이에서 태어난 스클라렉은 1950년에 콜롬비아 대학(Colombia University)에서 건축학 학위를 받았다. 건축 실무를 위해 19개의 구직 지원에도 불구하고, 그녀는 일자리를 찾지 못했고 뉴욕 공공 사업부의 기술부서에 취업했다. 그곳에서 4년을 머문 후 그녀는 SOM에 고용되어 1960년 웨스트코스트(West Coast)로 이사했다.

이후 20년 동안 스클라렉은 로스앤젤레스의 유명한 그루언 앤 어소시에이츠(Gruen and Associates)에서 일했고, 제작 책임자(Production Director)로 승진하여 프랭크 게리(Frank Gehry)와 함께 1년 동안 일했다. 오스트리아 태생의 빅터 그루언(Victor Gruen)과 함께 그녀는 결국 미국의 거의 모든 도시로 수출된 쇼핑몰 원형을 개발하는 데 중

요한 역할을 했고, 포드 자동차 회사(Ford Motor Company) 만큼 현대 미국 교외의 경험을 형성하는 데 많은 역할을 했다. 또한 같은 기간에 그녀는 그루언에서 같이 일하던 시저 펠리와 함께 상업 및 외교 프로젝트를 협업했다. 그중 가장 유명한 것은 도쿄 주재 미국 대사관(US Embassy Tokyo, 1976)이다.

1980년, 스클라렉은 웰튼 베켓 어소시에이츠(Welton Becket Associates)의 부회장으로 합류하여 LAX 공항과 그곳의 제1터미널(Terminal One Los Angeles International Airport, 1984)의 건설을 감독하였다. 그녀는 마침내 1985년에 동료 LA 건축가 캐서린 다이아몬드(Katherine Diamond), 마고 시겔(Margot Siegel)과 함께 자신의 사무실을 세웠고, 4년 후에 그녀가 가장 익숙했던 더 크고, 더 복잡한 프로젝트들을 다시 맡기 위해 회사를 떠났다. 이후 그녀는 저디 파트너십(Jerde Partnership)에서 미네소타주(Minnesota)에 있는 거의 5백만 제곱 피트의 엄청난 바닥 면적을 가진 몰 오브 아메리카(Mall of America)의 계획에 협조했다. 그 당시 미국에서 가장 큰 쇼핑몰이었다. 스클라렉은 1992년 성공적인 개관식 직후 얼마 안 되어 마침내 은퇴했다.

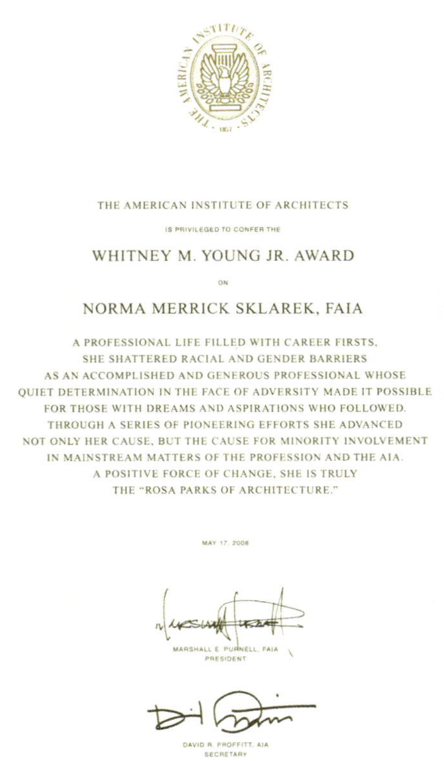

THE AMERICAN INSTITUTE OF ARCHITECTS

IS PRIVILEGED TO CONFER THE

WHITNEY M. YOUNG JR. AWARD

ON

NORMA MERRICK SKLAREK, FAIA

A PROFESSIONAL LIFE FILLED WITH CAREER FIRSTS,
SHE SHATTERED RACIAL AND GENDER BARRIERS
AS AN ACCOMPLISHED AND GENEROUS PROFESSIONAL WHOSE
QUIET DETERMINATION IN THE FACE OF ADVERSITY MADE IT POSSIBLE
FOR THOSE WITH DREAMS AND ASPIRATIONS WHO FOLLOWED.
THROUGH A SERIES OF PIONEERING EFFORTS SHE ADVANCED
NOT ONLY HER CAUSE, BUT THE CAUSE FOR MINORITY INVOLVEMENT
IN MAINSTREAM MATTERS OF THE PROFESSION AND THE AIA.
A POSITIVE FORCE OF CHANGE, SHE IS TRULY
THE "ROSA PARKS OF ARCHITECTURE."

MAY 17, 2008

MARSHALL E. PURNELL, FAIA
PRESIDENT

DAVID R. PROFFITT, AIA
SECRETARY

왼쪽 : 미네소타주 블루밍턴의 몰 오브 아메리카의 정문.

아래쪽 : 도쿄 주재 미국 대사관과 휘트니 M 영 주니어(Whitney Moore Young Jr) 상은 미국 건축가 협회에 의해 노마 메릭 스클라렉에게 수여했다.

스클라렉은 미국에서 건축사 자격증을 딴 최초의 흑인 여성이 아니었다. 그녀의 이름을 따서 명명된 건축 양식도 없고, 그녀의 단독적인 저작권을 가진 건물도 없다. 그러나 위대한 건축물의 너무 많은 부분이 건축가 개인에게 할애되며, 협업에 대한 내용이 적절한 공로를 인정받지 못하는 상황에서, 스쿨라렉의 인간적 미덕과 그녀의 뛰어난 기술적 전문성은 사실상 타의 추종을 불허했다. 어떤 개인도 건축물에 대한 책임을 홀로 질 수는 없음을 고려하면 더욱 그러하다. 그들이 혼자 일하든 대기업 관행의 문 위에 그들의 이름이 새겨져 있든 간에.

중요한 것은 스클라렉의 끈기, 인내, 전문성과 따가운 차별에 직면하는, 단순하며 직선적인 방식에 있다. 또한 여성 건축가에게 권한을 주고 그녀의 경력 초기에는 소수에 그쳤던 미국의 등록 건축사의 수가 오늘날 거의 10,000명에 이르도록 도움을 준 조건을 육성하였다. 이렇게 보면 스클라렉을 '건축의 로자 파크스(Rosa Parks)'라는 관용어로 불러도 과언이 아닐 것이다.

프랭크 게리

캐나다/미국
1929년–

대표작 :
구겐하임 빌바오, 시애틀 대중문화박물관(Seattle Museum of Pop Culture), 월트디즈니 콘서트홀(Walt Disney Concert Hall)

건축 양식 :
해체주의 건축

위쪽 : 프랭크 게리

프랭크 게리의 이름은 누구나 안다. 그는 건축가 만큼이나 기획가로도 인상적이었다.

그가 오늘날 세계에서 가장 유명한 건축가 중 한 명이고 누구나 아는 극소수의 건축가 중 한 명이라는 사실에도 불구하고, 혹은 그 사실 때문에, 게리는 다른 건축가와는 달리 건축의 필수적인 역할이 즐거움임을 이해하는 듯 보인다. 그는 건축의 즐거움을 여러 가지 방법으로 수행했다. 애니메이션 시리즈에 목소리로 출연하여 자신을 조롱하고, 물고기에 집착하며, 다양한 가정용품에 자기 이름을 걸고 디자인했다. 그는 소비지상주의에 대한 예리한 안목을 가지고 보석류, 가구, 보드카 병을 위해 스케치했다. 그는 종종 성가신 제작자의 역할을 즐겁게 연기하고, 다루기 힘든 언론인들의 향방과 세계 건축의 '98%'의 의심스러운 품질에 대해 공개석상에서 욕설을 내뱉곤 한다. 그럼에도 게리는 자신의 건축으로 우리를 즐겁게 하는 것을 가장 먼저, 가장 우선하여 생각한다.

위쪽 : 스페인 빌바오의 구겐하임 박물관

왼쪽 : 로스앤젤레스의 월트디즈니 콘서트홀

가까운 왼쪽 : 워싱턴주 시애틀의 대중문화박물관

게리의 작품은 양식적인 분류를 거부하는 것으로 유명하다. 그의 건물은 매우 실험적이고 난해하며, 비정형적인 형태, 환상적 미학, 고도의 조각적인 표현주의, 휘몰아치는 곡선, 판금 피복, 이따금씩 터지는 색의 향연, 직교 기하학의 완전한 거부로 악명이 높다. 미적으로도 그의 건물들은 물리적 붕괴의 다양한 단계에 걸쳐 있는 것처럼 보인다. 라스베이거스에 있는 루 루보 뇌 건강센터(Lou Ruvo Center for Brain Health, 2010)는 신경 질환을 형태적으로 모방하려고 하는 것처럼 보이면서 만화책에서나 보일법하게 땅속으로 무너져 내리는 모습을 띠고 있다. 게리는 느슨하게라도 구겨지고 충돌하는 상태와 그것들이 초래하는 입체적인 폭력을 고수하려는 경향이 있는 듯 보인다. 그의 이런 성향은 해체주의와 가장 밀접하게 일치한다. 해체주의는 전통을 거부하고 혼란, 무질서와 파괴 속에서 혼란을 드러내면서, 포스트모더니즘(Postmodernism)의 마지막이자 포스트모더니즘에 반항적인 입장을 표명했다. 게리는 모든 건물에서 극단적인 시각적, 구조적 혼란에 대한 선호를 명백

왼쪽 : 로어맨해튼의 8 스프루스 스트리트 마천루

오른쪽 : 프라하의 댄싱 하우스(Dancing House)

히 드러냈다. 이러한 충격요법으로 인해, 게리는 (스스로는 격렬하게 거부하지만) 논쟁의 여지가 있는 '스타키텍트(starchitecture)'의 꼬리표를 달고 다니며 그저 속이 빈 허울뿐인 속임수의 변덕 속에서 일을 따내는 캐리커처 건축가(caricaturist)일 뿐이라는 비난을 초래했다. 아이러니하게도, 비평가들은 프라하의 댄싱 하우스(Dancing House, 1996)를 게리의 지적 취약성의 증거로 제시한다. 이 건물은 그가 가장 사랑했던 건물 중 하나로, 체코 건축가 블라도 밀루니치(Vlado Milunić)와 협력하여 완성했다. 프레드 아스테어(Fred Astaire)와 진저 로저스(Ginger Rogers)가 파트너와 빙글빙글 도는 춤을 글자 그대로-직유의 방식으로 해석하려는 건물이 저급한 노출증이라는 평가를 피하긴 어려웠을 것이다. 마찬가지로, 기하학적인 순수성과 '형태는 기능을 따른다'와 같은 모더니즘의 핵심적인 이데올로기적 비유에 대한 게리의 도전적인 반전—그는 모든 것은 형태를 따른다고 언급했다—도 일부 사람들을 짜증나게 했다.

그러나 그를 피상적인 쇼맨으로 치부하는 것은 잘못된 것이다. 게리는 깐깐한 제작자이다. 토론토에서 나무와 고철로 구조물을 만들던 어린 시절부터 그는 모형 제작을 좋아했다. 전문적인 실무에서도 그는 종종 수백 개의 물리적 모델을 구축함으로써 차이와 반복을 통해 디자인 프로세스를 탐색하고 아이디어를 전달했다. (게리 또한 사용했던) 초정밀 디지털 설계에서도 그의 작업은 어려운 기술이 필요하지 않은(low-tech) 시절 보여줬던 날 것의 느낌과 정직함을 간직한 채 3차원적 즉흥 연주를 보여준다. 이러한 작업에서 게리는 정보에 기반하여 공간, 형태 및 볼륨을 다루는 조작자의 역할을 맡아 건축의 본능적이고 오래된 역할에 재접속할 수 있음을 증명했다.

또한 게리는 재창조의 달인이다. 그는 익숙한 유형들을 가지고 그 유형들을 뒤집어 놓는 적대적인 혼란을 즐긴다. 마천루도 그런 유형 중 하나이다. 게리는 뉴욕(New York) 8 스프루스 가(8 Spruce Street)에 있는 76층짜리 주거용 타워(2011)가 있기 전에는 마천루를 설계한 적이 없었다. 그는 맨해튼 특유의 계단식으로 후퇴된 입면을 가진 직선의 타워를 구성한 다음, 금속의 외피 아래에서 꿈틀거리고 몸부림치는 표면을 연출하였다. 밀

려드는 수직 파도같은, 혹은 바이러스에 걸린 피부같이 울룩불룩한 표면을 보다 보면 건축가의 장난을 의심할 수도 있다. 하지만 이 건물은 마천루를 격렬한 아방가르드로 간주하여 맨해튼의 고층 주택 양식에 대한 관습적 기교를 전복시키면서, 21세기 뉴욕 최고의 마천루로 남아 있다.

마지막으로, 부정할 수 없이 게리의 가장 유명한 작품인 빌바오 구겐하임 박물관(Guggenheim Bilbao, 1997)에서 우리는 그의 독특한 건축물이 변화시키는 도시 재생을 위한 강력한 브랜딩 도구가 되는 것을 본다. 이 작품이 개장한 이후 거의 40억 달러가 바스크 지역 경제에 추가되었고, 소위 '빌바오 효과'라 불리는 놀라운 성공은 지금 그들의 구조와 경제를 재활성화할 새로운 문화 기관을 창조하길 원하는 전 세계 도시들의 벤치마크가 되었다. 만약 당신이 게리의 광기를 관찰할 수 있다면, 그의 광기에는 정연한 질서(method)뿐만 아니라 천재성 역시 포함되어 있음을 파악할 수 있을 것이다.

데니스 스콧 브라운

데니스 스콧 브라운은 지금까지 쓰여진 모더니즘에 대한 가장 신랄하고 영향력 있는 비판자였다. 그녀는 접근 방식의 변화를 개척한 사람이다.

미국 1931년-2021년

대표작 :
내셔널 갤러리 런던,
샌즈베리 관, 시애틀 미술관,
샌디에이고 현대미술관

건축 양식 :
포스트모더니즘

위쪽 : 데니스 스콧 브라운

1972년 그녀의 남편 로버트 벤츄리(Robert Venturi)와 이론가 스티븐 이제누르(Steven Izenour)와 함께 쓴 중요한 책인 *라스베이거스의 교훈(Learning from Las Vegas)*에서 스콧 브라운은 모든 건축물은 두 가지 범주(오리 또는 장식된 헛간) 중 하나에 속해야 한다는 이론을 세웠다. 오리는 신호에 의존하지 않고도 자신의 기능을 명확히 인식한다. 예를 들어, 라틴십자가 계획을 기반으로 한 고딕 양식의 대성당은 명백히 오리이다. 덴마크의 비야케 잉겔스(Bjarke Ingels)의 레고 하우스(Lego House, 2017)

오른쪽 : 해머링 맨(Hammering Man) 설치미술이 있는 시애틀 미술관의 외부

아래쪽 : 같은 미술관으로 가는 입구

SEATTLE ART MUSE
SEATTLE ART MUSEUM
ONE WAY

도 마찬가지이다. 이 박물관은 장난감 제조의 아이콘이 된 회사를 위해서, 블록 장난감의 트레이드마크인 다양한 색깔의 '브릭'으로 조립한 거대한 무더기(stack)를 연상하도록 설계되었다.

반면에 장식된 헛간(decorated shed)은 기능에 대해 어떠한 표시도 하지 않는다. 단지 그것들의 진짜 기능이 무엇인지에 대해 전체적으로 영향 받지 않은 신호들 또는 장식을 이용할 뿐이다. 유리 마천루는 사무실이나 공동주택일 수 있으며 프로그램은 문 위의 표지판으로만 식별할 수 있다. 고전적인 수도원은 병원만큼이나 쉽게 호텔이 될 수 있다. 간단히 말해서, 오리는 그 자체로 상징이 되지만, 장식된 헛간은 기호를 적용한다.

스콧 브라운의 결론은 현란한 주제의 호텔과 네온으로 둘러싸인 라스베이거스(Las Vegas)의 아메리카나(Americana)(당시 모더니스트들에 의해 천박하고, 질 낮은 예술품이 우글거리고, 반이상향의 파스티셰(pastiche, 모방작품)라며 무시한 도시)를 꼼꼼하게 연구하고, 그 외에는 시시한 박스형 상업 건물이 기능을 전달하기 위해 사용하는 풍부한 기호학적 어휘를 찬양하는 방식으로 도출되었다. 겉보기에 악의가 없던 그녀의 관찰은 형태와 기능 사이의 '신성한' 연결을 끊고, 이를 모독하는 장식의 사용을 정당화하는 것으로 비춰지면서 기득권 모더니즘 건축가로부터 격분을 사게 되었다.

그러나 스콧 브라운의 이단적인 논쟁은 엘리트주의적 모더니즘 패권에 점점 지쳐가던 다른 건축가, 지역의 토착성과 다시 관계 맺기를 열망하던 대중의 심금을 울리기에 충분했다. 그녀는 자기 생각을 포스트모더니즘으로 명명하면서 유사 역사주의(pseudo-historicism)와 익숙한 장식을 응용해서 사용하는 데 부담을 덜 수 있는 효과적인 이론적 토대를 마련했다. 모더니즘의 몰락을 재촉하고 그 후계자를 세우는 데 도움을 줌으로써 데니스 스콧 브라운과 그녀의 획기적인 책은 20세기 후반의 가장 영향력 있는 건축의 주인공으로 부상했다.

스콧 브라운이 남편과 함께 결성한 건축팀은 1970~80년대 포스트모더니즘 운동의 국제적 선구자로 부상했다. 그들의 영향력은 건축술을 넘어 학계로 확장되었다. 그 둘은 스콧 브라운의 전 남편 건축가 로버트 스콧 브라운(Robert Scott Brown)이 자동차 사고로 사망한 지 1년 후 1960년에 그녀가 펜실베이니아대학교(University of Pennsylvania)의 교수로 재직하면서 광범위한 글쓰기와 교육에 매진하던 중 만나게 되었다. 스콧 브라운과 벤츄리는 가까운 협력자가 되었고, 도시계획에 대한 그녀의 관심으로 인해 1966년 신도시였던 라스베이거스를 방문하여 연구하게 되었다. 라스베이거스는

위쪽 : 캘리포니아주, 라 호야에 있는 현대미술관으로 가는 주 입구

오른쪽 : 내셔널 갤러리 런던, 샌즈베리 관

연구의 기초이자 그들을 위한 휴양지였다. 그들은 이듬해 결혼했다. 2018년 벤츄리가 사망할 때까지 그들은 건축계에서 가장 인정받고 영향력 있는 파트너십을 유지했다.

그들이 함께 설계한 건물들은 포스트모더니즘을 이념적으로 홍보하는 데 있어 책만큼 효과적이었다. 그들은 문화시설을 선호했다. 시애틀 미술관(Seattle Art Museum, 1991), 휴스턴 어린이 박물관(Children's Museum of Houston, 1992)과 샌디에이고 현대미술관(San Diego Museum of Contemporary Art, 1996)을 포함한 많은 의뢰에서 불손한 역사주의와 호화롭게 쓰여진 장식은 포스트모더니즘 건축의 독특한 특징으로, '라스베이거스로부터의 교훈'에서 처음 성문화되었던 내용들 이었다.

그들의 가장 국제적으로 중요한 건물은 스콧 브라운이 1960년대 모더니스트 프레데릭 기버드(Frederick Gibberd) 밑에서 공부했던 영국 런던에 지어졌다. 런던 내셔널 갤러리 샌즈베리 관 증축(Sainsbury Wing National Gallery London, 1991)은 모더니즘 계열과 포스트모더니즘 계열 사이에서 신성시하던 명제를 건드리는 논쟁거리가 되었다. 애초에는 건축가 아렌츠(Ahrends), 버튼(Burton)과 코랄렉(Koralek)의 타협하지 않는 하이테크 건축안이 당선(1982)되었지만, 이 제안은 역사적인 상황에 둔감했다. 이내 대중적인 저항을 불러 일으키게 되고, 황태자였던 찰스3세까지 '많이 사랑받고 우아한 친구의 얼굴에 있는 거대한 종기'라고 비판하면서 반대 의사를 분명히 했다. 결국 스콧 브라운과 벤츄리가 제시한, 역사와 화해하는 듯한 계획이 선택되었다. 그 결과 갤러리의 주된 양식인 신고전주의를 파편화하여 유사 역사학적으로 증축 부 외관에 적용하게 되었다. 이 작품을 비롯하여, 다른 건축가를 포함한 1980년대와 1990년대 작업 다수에서 스콧 브라운의 장식된 헛간들이 오리들을 이기고 있다. 이것이 그녀가 보인 파괴력 있는 영향력이다.

리처드 로저스

영국 1933년–2021년

대표작 :
로이드 빌딩, 퐁피두 센터, 밀레니엄 돔

건축 양식 :
하이테크(High-Tech)

위쪽 : 리처드 로저스

리처드 로저스(Richard Rogers)는 노먼 포스터(Norman Foster)와 함께 당대 가장 중요한 영국 건축가이며 1970년대 이후로는 국제적인 인물로서 중추적 역할을 해냈다.

그는 영국과 프랑스에서 그는 30년에 걸쳐 각각의 10년을 규정하는 중요한 작품들을 만들었다. 1970년대 퐁피두 센터(Pompidou Centre), 1980년대 로이드 빌딩(Lloyd's Building), 1990년대 밀레니엄 돔(Millennium Dome)이 바로 그의 작업이다. 그는 1970년대 초부터 개척한 급진적인 새로운 기능주의 건축이자 산업화 세대의 마지막 건축 양식인 하이테크를 통해, 후기 모더니즘이 뜨고 있던 포스트모더니즘의 패권에 맞서 벌인 최후의 저항에서 소기의 성과를 성취했다.

로저스는 일반적이라면 숨기게 마련인 설비와 공학적 기능을 건물 안팎에다 도전적으로 전시하는 방식으로 유명하다. 구조적 표현주의에 기반하여 만들어진 로저스의 고차원적 건물은 1980년대 모더니즘과 포스트모더니즘 계열 사이에 발생한 양식적 충돌에서 중요하고 도발적인 역할을 했다. 로저스의 이념적 신념은 종종 격렬한 논쟁을 불러일으켰다. 그의 건물 다수는 맥락적 통합과 역사적 민감성을 그리 고려하지 않았다. 이러한 일방적인 접근방식은 찬사와 동시에 비판을 부르면서, 모더니즘의 후퇴로 생기를 얻은 보존운동 입장에서 보면 도깨비(bogeyman) 같은 인물로 비쳤다. 그러나 그가 20세기 후반 건축계에 끼친 엄청난 영향은 부인할 수 없으며, 그의 최고 작품에서 우리는 활기찬 구조의 노출과 카리스마 넘치는 시각적 스펙터클 사이의 미래지향적이고 교향악적인 융합을 확인할 수 있다.

토스카나(Tuscany)에서 영국계 이탈리아인 가정에서

아래쪽 : 밤의 파리, 퐁피두 센터의 독특한 정면

태어나 유년기부터 난독증을 앓은 로저스는 예일 대학에서 건축 장학금을 받기 전에 영국에서 학교를 다녔다. 그곳에서 그는 동문인 노먼 포스터(Norman Foster)를 만났고, 졸업한 지 1년 후인 1962년에 그들은 영국으로 돌아와 향후의 아내들과 함께 팀 4(Team 4) 건축 사무실을 설립했다. 이 회사는 불과 4년 후에 해체되었지만, 금속 프리패브리케이션(prefabrication)과 구조적 표현에 대한 초기 실험은 최초의 산업용 하이테크 건물로 널리 간주되는 스윈던(Swindon)의 릴라이언스 컨트롤스 공장(Reliance Controls factory, 1967)과 같은 프로젝트에서 성과를 내기 시작했다.

1970년대 초, 로저스는 떠오르는 이탈리아 건축가 렌초 피아노(Renzo Piano)와 협력하여, 그들의 초기 경력을 대표하는 파리의 퐁피두 센터(1977)의 설계를 진행했다. 돌출된 교차 브레이스(cross-braced)의 메카노(Meccano) 장난감 같은 외관과 정해진 색상 코드에 따라 설비 및 동선을 칠하여 외부에 노출하면서, 초기에는 소란을 일으키기도 했다. 극도로 보수적인 보호주의로 유명한 파리였음을 생각하면 예상못할 일은 아니었다. 하지만 이 내장을 노출한 듯한 건물은 파리에서 가장 대중적인 미술관 중 하나가 되었다.

더욱 논란이 된 것은 로저스의 다음 주요 프로젝트로, 현재 리처드 로저스 파트너십(Richard Rogers Partnership) 산하에 속한 시티 오브 런던(City of London)의 로이드 빌딩(1986)이다. 건물은 근본적으로 대형 요새화된 기계로 간주되고 있다. 외관은 창문이 없이 강철판 장갑을 외피에 두르고 그 위에 노출된 덕트 장치, 빔과 계단은 근육 또는 힘줄과 같이 장갑에 고정되어 있다. 건물

의 요소들은 석유 굴착기의 공격적이고 기계적인 기능을 활용하여 조립되었다. 적어도 퐁피두가 대지에 놓이는 방식은 파리의 역사적인 거리 배치를 고려했지만 로이드 빌딩은 모든 역사적 맥락과 공개적이고 도전적인 전투를 선언했다. 이 건축은 분명 하이테크 건축의 기준점이지만, 오늘날까지 의견이 분분한 작업이기도 하다.

도시 재개발에 대한 로저스의 커지는 관심은 덜 논쟁적인 방향으로 진행되었다. 그는 도시 재개발 분야에서 예리한 사회적 인식을 보여주었고 놀랄 만한 예측 능력으로 증명했다. 1986년 왕립 미술원(Royal Academy)에서 열린 *런던의 가능성(London As It Could Be)*이라는 전시회에서 그는 런던 중심부의 공공 영역이 어떻게 개선될 수 있는지에 대한 일련의 급진적인 생각을 제시했다. 처음에는 당국에 의해 기각되었지만, 나중에 오랜 동업자 노먼 포스터의 2003 트라팔가 광장(Trafalgar Square)의 보행자 전용도로 계획에 통합되었다. 마찬가지로, 그의 책 "작은 행성을 위한 도시들(1997)"에서 그는 현재 지속가능성의 사회정치적 우선순위를 획기적으로 예상했고 책임감 있는 도시 개발의 중요성에 대해 젊은 세대의 디자이너에게 영향을 미칠만한 언급을 남겼다. 1998년과 2009년 사이에 그는 영국 정부와 런던 시장의 수석 도시 고문(chief urban advisor)을 역임하기도 했다.

아마도 이렇게 사회에 대한 심화된 발언들의 결과로, 현재 로저스 스터크 하버 파트너스(Rogers Stirk Harbour + Partners)로써 로저스의 최근 작업은 종종 더 부드럽고 덜 거친 화음을 보여준다. 마드리드 바라하스 공항의 멋들어진 터미널 4(Terminal 4 of the Madrid–Barajas Airport, 2004)이 이런 측면에서는 아마 최고조에 달한 작품이 될 것이다. 길이가 긴 대성당 네이브 같은 중앙홀은 호화롭게 물결치는 목재 천장으로 덮여 있다. 이 천장은 바람에 펄럭이는 것처럼 출렁인다. 위엄있게 늘어선 교각 사이는 원형으로 개구부를 조성했다. 그가 맥락이나 역사와 가장 치열하게 싸웠던 로이드 빌딩 맞은 편에는 레덴홀 타워(Leadenhall Tower, 2014)가 있다. 이 건물은 선조의 외향적인 적대감을 생략하고 일렁거리는 유리 베일 뒤에 품위 있게 상부 구조물을 덮는다. 실행 면에서는 덜하지만 정신적으로는 여전히 하이테크이다. 성숙함이 기계를 길들인 셈이다.

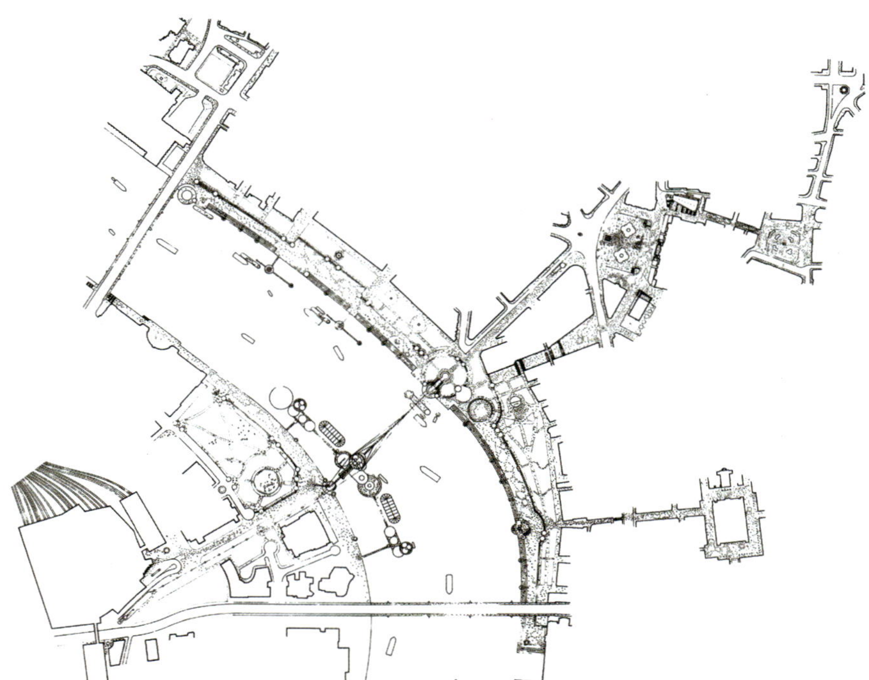

위쪽 : 런던 금융가 한복판에 있는 로이드 빌딩은 하이테크의 이상을 과시했다..

왼쪽 : 런던의 노스 그리니치에 있는 밀레니엄 돔.

오른쪽 : 피카딜리 광장에서 워털루 역까지 남북방향과 영국 의회에서 블랙프라이어스 다리(Blackfriars Bridge)까지 동서방향의 두 개의 주요 축을 보여주는 런던의 가능성. 그리고 그의 세부 사항

알바루 시자

포르투갈 1933년-

대표작 :
엑스포 98 포르투갈 파빌리온, 이베레 카마르고 재단, 나디르 아폰소 박물관

건축 양식 :
모더니즘

위쪽 : 알바루 시자

많은 건축가가 자신들의 건축물에 시적인 기품을 불어넣으려고 노력한다. 하지만 조각적인 우아함과 초현실주의적 운율에서 시자만큼 하는 이는 찾아보기 어렵다.

시자는 포르투(Porto) 바로 북쪽의 작은 해안 마을에서 태어났다. 어렸을 때는 오페라 가수가 되고 싶었고, 그 후에는 그의 최종적인 스타일과 경력에는 좀 더 적절해 보이는 조각가가 되기를 원했다. 그러나 14세에 바르셀로나에서 가우디(Gaudí)의 작품에 매료된 이후 건축에 전념하게 되었다. 이후 1955년 포르투 대학교(University of Porto)를 졸업하면서 경력을 시작했다.

시자는 1960년대 후반 모더니즘이 점점 더 공격을 받던 시기부터 명성을 얻기 시작했다. 그의 동시대 사람들과 달리, 그의 긴 경력 동안 그는 모더니즘 강령

위쪽 : 나코에스 공원(Parque das Nacoes)에 있는 엑스포 98 포르투갈 파빌리온의 캐노피

아래쪽 : 브라질 포르투 알레그리의 이베레 카마르고 박물관 천장에 있는 창문

에 변함없이 헌신하였다. 그는 초기 모더니즘 건축에서 특히 두드러지는 엄격한 미니멀리즘에 충실한 작업을 이어갔다. 이를 통해 날카로운 기하학, 검박한 외관, 빛과 음영의 능숙한 조작을 특징으로 하는 엄격하고 기능적인 형태를 창조했다. 알바루 시자는 자신의 이런 방식이 알바 알토(Alvar Aalto)와 저명한 멕시코 모더니즘 건축가 루이스 바라간(Luis Barragán)으로 받은 영향에 기인함을 공언했다.

그러나 시자는 단순한 주제 반복에 그치지 않았다. 카나베세스에 있는 산타 마리아 교회(Santa Maria Church, 1996)는 그 방법이 어떠한 것인지 보여준다. 흰색으로 칠한 입방체 형태, 장식이 없는 표면, 창문이 없는 넓은 공간으로 인해, 첫인상은 무미건조하고 차분하며 실용적인 엄격함이 느껴진다. 이 작업은 여러 가지 색을 풍부하게 사용하는 전통과 상극을 이룬다. 이러한 측면은 포르투갈 종교건축의 역사와 연계성을 유지하면서, 순수한 모더니즘 건축의 기능주의에 완벽히 순응하면서 두드러진다. 교회는 영안실을 추가하면서 옥상에 움푹한 선반을 만들고, 종을 설치했다. 이렇게 종을 가둬두면서 영원한 안식을 떠오르게 하는 엄중한 분위기가 고조된다. 교회의 뒤쪽 모서리에는 조각가가 돌을 자르는 듯한 솜씨로 부채꼴 모양의 앱스(apse)를 잘라내듯 만들었다. 앱스는 더 미묘한 곡선을 도입하는 촉매 역할을 한다. 시자는 교회의 내부 벽 중 하나의 상단을 부드럽게 굽히면서 클리어스토리(clerestory) 창이 방사형으로 배열되도록 했다. 클리어스토리로 들어온 빛은 방사형의

그림자를 만들며 장식이 없는 흰색 내부 공간에 스며든다. 표면, 기하학, 빛의 미묘한 변주를 통해, 기능적으로 구성된 실내 공간은 초월적 특징을 띠게 된다. 이 작업은 미니멀리즘적 합리주의가 시적으로 승화된 공간을 보여준다. 이를 통해 관능적 초현실성이 태동하여 분출되면서 시자 특유의 정서를 발현하고 있다.

형태발생(morphosis)과 다른 상태로의 변성(transmutation)라고 규정할 수 있는 이러한 주제는 시자의 작품 대부분에서 분명히 드러난다. 또한 일반적인 관행을 따르지 않는(nonconformity) 가운데 드러나는 특유의 방식은 가우디의 정신을 환기한다. 위대한 카탈루냐 건축가에 대한 더 직접적인 암시는 베를린의 슬픔이여 안녕 공동주택(Bonjour Tristesse, 1984)에서 확인할 수 있다. 시자는 이 건물에서 평소답지 않게 물결 모양의 곡선 벽체로 유기적인 외관을 형성한다. 이는 바르셀로나에 있는 가우디의 카사 밀라(Casa Milà)를 상기시킨다.

시자의 전형적인 조각적 조합은 중국 장쑤성에 있는 화학 공장의 업무시설인 물 위의 건물(Building on the Water, 2014)에서 볼 수 있다. 뚝 떨어지는 우아한 곡선은 날카로운 모서리와 대치하여 기하학적으로 팽팽한 매듭을 구성한다. 그런 다음 인공 호수 한가운데 자리하면서 건물이 놓인 장소와 극적이며 초현실적인 느낌을 자아내며 뒤얽혀 있다. 초현실주의의 주제는 브라질 포르투알레그리(Porto Alegre, Brazil)에 있는 이베레 카마고 재단

아래쪽 : 포르투갈 샤베스에 있는 나디르 아폰소 현대미술 박물관

오른쪽 : 포르투갈 카나베세스에 있는 산타 마리아 교회

가까운 오른쪽 : 독일 바일암라인의 비트라 캠퍼스 (Vitra Campus, Weil am Rhein, Germany). 열린 방이 있는 산책로 (promenade)

(Iberê Camargo Foundation, 2008)에서 되풀이된다. 이 작품의 정면은 주변을 둘러싼 보행로 매스로 가로막히고, 관통된 듯한 모습이다. 이를 통해 만들어진 대조, 즉 하얀 콘크리트의 구부러진 정면과 덩굴손 같은 매스는 대치를 통해 잊을 수 없는 인상을 만들어낸다.

이 모든 주제는 시자의 가장 위대한 작품인 1998년 리스본 세계 박람회(Expo '98)를 위한 포르투갈 국가관(Portuguese National Pavilion)에서 최고조의 장관을 연출한다. 여기에서 그는 세라믹 타일로 화려하게 마감한 두 개의 강력한 콘크리트 포르티코(portico)를 조각한다. 이 포르티코를 대형 공공 광장 양쪽 끝에 70m 너비로 떨어뜨려 배치했다. 포르티코 안쪽으로는 거대한 전단 수직 판(fin)을 서로 다른 간격으로 세웠다. 수직판에 의해 형성된 비대칭적인 장막벽은 직교의 규칙성을 정립하고 엄청난 기념비적 힘을 발산하는데 일조한다.

그러고 나서, 놀라운 변화를 더 했다. 시자는 두 개의 포르티코 사이에 흔들리는 석조 해먹처럼 중앙을 향해 곡선을 그리며 낮아지는, 거대하며 섬세한 70m 길이의 얇은 콘크리트 캐노피(canopy)를 드리운다. 그 효과는 아주 놀라웠다. 방적 직물(spun fabric)에서나 볼 수

있는 늘어지는 속성을 콘크리트에 부여하면서, 물성에 대한 고정관념과 눈앞에 전개되는 콘크리트에서 유래가 없던 현상적 체험 사이에서 충돌한다. 구조상의 경이로움을 일으키는 인식은 근육질의 포르티코와 연결되는 방식으로 더욱 강화된다. 캐노피와 포르티코 사이의 섬세하고 가냘픈 결합방식은 잊을 수 없는 우아함을 느끼게 한다. 이 작품의 조각적 특징은 퇴페미로 규정될 수 있는데, 시자 작업의 다수가 그러하다. 그는 건축의 쓰임새와 공간 사이의 관계(program)를 다시 규정하기 위해 조각적 조형과 초현실주의적 조합을 구사한다. 이 과정에서 그는 모더니즘적 건축의 외관을 정립하고, 그 후에 다시 자신의 건축을 시적인 초월의 장으로 끌어 올린다.

노먼 포스터

오늘날 세계에서 노먼 포스터만큼 유명하고 상업적으로 성공한 건축가는 거의 없다.

영국 1935년-

대표작 :
HSBC 홍콩 본점 빌딩, 대영박물관 대중정), 애플파크(Apple Park)

건축 양식 :
모더니즘

위쪽 : 노먼 포스터

노먼 포스터는 전 세계 거의 모든 분야와 장소에서 그의 이름을 딴 수백 개의 건물을 설계했다. 그는 이제 이름 자체가 저명한 브랜드이다. 애플(Apple)이나 코카콜라(Coca-Cola)에서나 가능했던 상표화된 마케팅의 힘을 드문 성취와 엘리트주의를 표방하는 건축을 통해 제공한다. 또한 독창성과 더불어 상업적 성공을 일궈내면서, 건축가들이 열망하지만 거의 성취하지 못하는 성배를 들어올린 독특한 인물이다.

현대에서 건축가라는 직업이 사업적 감각으로 반드시 유명하지는 않다 보니 포스터를 보다보면 질문 하나가 떠오른다. "포스터가 어떻게 한 것인가?" 다행히도 그는 가장 좋아하는 건축물로 보잉 747 대형 여객기(Boeing 747 jumbo jet)를 조심스럽게 언급했다. 여기에 힌트가 있다. 왜 그러한가? 포스터는 건물을 그리기 전에 비행기를 그리곤 하는 열정적인 비행 애호가일 뿐만 아니라, 747은 포스터의 건축에 관한 모든 것을 강력하게 담아내고 있기 때문이다. 대형 여객기는 공학 기술과 설계의 공생적 결합으로, 날렵하고, 유선형이며, 효율적이며, 산업적이고, 소형이며, 실용적이며, 조립식이며, 구획화되어 있으며, 엔진을 쉽게 교체할 수 있고, 엄청나게 유연하다. 그리고 그 유연성은 포스터에게 동기를 부여하는 동시에 그의 최고 작품 속에서 감질나게 체화되는 어떤 속성을 담아낸다. 대중은 포스터의 건축에서 유발되는 이러한 속성에 반응했고 지속적으로 매력을 느꼈다. 그것은 바로 미래라는 속성이었다.

포스터는 후기 영국 모더니즘의 또 다른 주역인 리처드 로저스(Richard Rogers)와 동업하면서 그의 경력을 시작했다. 그들이 설립한 팀 4(Team 4)의 작업은 구조적 표현주의와 산업적 조립을 우선시한 후기 모더니즘 변형

위쪽 : 대영박물관의 그레이트 코트

인 하이테크(High-Tech)의 특성을 보였다. 그들은 그 양식의 초기 주창자였다. 1967년 팀 4가 해체되고 포스터가 새로운 사업부 포스터 어소시에이트(Foster Associates; 후에 포스터 앤드 파트너(Foster + Partners)로서 세계에서 가장 큰 사무실 중 하나가 된다)을 결성한 후, 그의 초기 작업은 기존의 기조를 확고히 유지했다. 그러나 그는 또 다른 것을 추가했다. 즉 억압적이지 않고 산업적으로 응집된 명확성과 구조를 이념적으로 표명하는 것 대신, 단순화하고 합리화하는 접근법을 덧붙였다. 이 독특한 조합을 통해 포스터는 자신이 작업한 건물 유형에 혁신과 재창조라는, 자신 고유의 접근방식을 정의하는 두 가지 핵심 특징을 활성화할 수 있게 되었다.

포스터의 초기 작업의 상당수는 능률적이고 지능적인 하이테크 건축 개념을 거치면서 혁신을 보여준다. 노리치의 세인스버리 비주얼 아트센터(Sainsbury Centre for Visual Arts, 1978)에서 그는 미술관을 하나의 유연한 구역(enclosure)으로 재정의한다. 랜드마크인 HSBC 홍콩 본점 빌딩(HSBC Main Building, 1985)에서 포스터는 로저스의 로이드 빌딩(Lloyd's Building)과 유사한 전략을 선택했다. 실내 평면을 자유롭게 쓰기 위해, 중앙에 코어를 정립하는 기존의 규정을 폐기하고 건물 가장자리로 구조와 설비를 밀어냈다. 런던 스탠스테드 공항(London Stansted Airport, 1991)에서는 기존에는 지붕에 배치하던 플랜트 및 설비 기능을 중앙 홀 지하 공간으로 이동시켰다. 상부의 구조적 피어를 통해 하중을 분배하여 가벼운 채광창으로 지붕을 재규정하고, 공항 공간을 빛이 가득한 공간으로 바꾸면서 근본부터 재창조했다.

포스터는 현명하게도 양식 자체의 옳고 그름을 따지지 않는다. 그의 놀라운 성공의 일부는 모든 종류의 역사적인 건물 유형에—하이테크 표현 양식을 훨씬 뛰어넘는—명료한 재창조의 역량을 보여주는 그의 탁월한 능력 덕분이었다. 포스터는 베를린 국가의회의사당(Berlin Reichstag, 1999)의 복원에서 유리와 거울, 강으로 만든 미래 지향적 반구 안에, 소용돌이치며 상승하는 나선형 경사로를 설치하는 방식을 통해 사라져버린 고전

위쪽 : HSBC 홍콩 본점 빌딩

가까운 오른쪽 : 애플파크 본사

오른쪽 : 아래에서 본 미요 대교

주의 양식의 돔을 환기한다. 그리고 대영박물관 대중정(Great Court of British Museum, 2000)에서는 이전의 서비스 야드(service yards)였던 공간을 아름다운 신고전주의의 전정(forecourt; 앞마당)로 바꾸고 화려한 유리 지붕으로 둘러싸면서 유럽에서 가장 큰 덮개로 덮인 광장을 조성했다.

포스터가 진행한 고층 건물 다수 역시 혁신과 응용을 위한 기준을 제시하였다. 뉴욕의 다이어그리드(diaggrid) 구조물인 허스트 타워(Hearst Tower, 2006)는 1920년대 지어진 저층부로부터 세상을 다 바꾸려는 듯(messianically) 튀어 올랐다. 런던의 30 세인트 메리 엑스 타워(30 St. Mary Axe Tower, 2001)는 마천루를 사각형 슬래브(slab)가 아닌 홈이 파진 타원형으로 재구성했다. 포스터는 홍콩(Hong Kong)(1998)과 베이징(Beijing)(2008)의 멋들어진 신공항, 런던 카나리 워프에 있는 호화로운 물 위의 지하철역(tube station at Canary Wharf, 1999), 굽이치는 빛의 날갯깃(blade) 같은 밀레니엄브리지(Millennium Bridge, 2000)를 포함한 획기적인 기반시설(infrastructure) 프로젝트를 완성했다. 그중 가장 인상적인 것은 프랑스 남부 미요 고가교(Millau Viaduct, 2004)이다. 이 다리는 숭고하고 우아하게 들어올려진, 1.5마일(2.4km)의 스팬(span)으로 계획된 사장교(cable-stayed bridge)이다. 특히 이 다리의 높이는 337m(1,105피트)로, 사장교로는 세계에서 가장 높은 것이었다.

보잉의 기록 보관자 마이클 롬바르디(Michael Lombardi)는 747이 상업 항공을 홍보하는 데 성공한 것은 '세계를 축소한 비행기'였기 때문이라고 주장했다. 모든 건축 양식, 분야 및 지역에 걸쳐 프로그래밍(programming) 방식의 명확성과 단순성을 일관성 있게 추진하면서, 포스터는 놀라운 경력동안 큰 낙폭 없이 동등한 수준을 성취하며 작업을 이어갔다.

얀
겔

덴마크 1935년-

대표작 :
스트뢰에 거리, 뉴 로드 브라이튼, 덴버 16번가 몰(16th Street Mall Denver)

건축 양식 :
뉴 어바니즘(New Urbanism)

위쪽 : 얀 겔

얀 겔의 주된 강박 관념은 건축이 아니라 사람이다. 마찬가지로, 그의 최우선 관심사는 건물이 아니라 건물 사이의 공간이다.

겔은 이 두 양극단을 조화시키기 위해 노력하며 평생을 보냈고, 그렇게 함으로써 그의 세대의 가장 인문주의적이고 공감을 얻은 선도 건축가로 부상했다. 이런 특징으로 인해 그는 본질적으로 공공공간의 이론과 실천에 연관되게 된다. 겔의 작업은 공공 공간이 도시의 보건, 경제적 성공과 사회 복지를 위한 주요한 공동의 구동체(driver)라는 그의 열정적인 신념에 의해 일관되게 추진되었다.

아래쪽 : 앉을 수 있는 벤치가 있는 뉴 로드 브라이튼(New Road Brighton)

아래쪽 : 코펜하겐 아마게토르(Amagertorv, Copenhagen)의 상점들로 걸어가도록 촉진하는 보행자화된 스트뢰에

따라서 겔은 걷기와 자전거 타기가 차를 이용하는 것보다 훨씬 더 낫다고 홍보한다. 종종 '헨리 포드(Henry Ford)가 아직 살아있는 거였나!'라고 하며 카리스마 있는 재치로 한탄할 때도 있다. 공공 영역이 더 인간적이고 사람 중심적으로 재분배되어야 하며, 이를 가능하게 하기 위해서는 도시가 물리적으로 재구성되어야 한다고 주장한다. 그의 생각은 종종 지자체 당국의 극심한 반대에 부딪혔고, 초기에는 지적인 경멸을 감수해야 했다.

이러한 생각 중 많은 부분이 현재 도시 및 환경 담론을 지배하는 지속가능성과 본질적으로 일치한다. 하지만 1960년대 그가 처음으로 자신의 생각을 예언처럼 표현했을 때, 당시 지배적인 모더니즘의 전통과 정면으로 대치되는 것이었다. 겔이 1960년 코펜하겐의 덴마크 왕립 미술 아카데미(Royal Danish Academy of Fine Arts; KADK)를 졸업했을 때, 모더니즘의 헤게모니는 여전히 온전했고, 전 세계의 전후도시(post-war city)들은 코르뷔제의 기계론적 이념의 칙령을 각자의 방식으로 충성하며 재건되고 있었다.

그 당시에도 겔은 이 계획들이 모더니즘의 기술관료적(technocratic) 권위주의를 바탕으로 자동차를 문화적으로 더 중요한 것으로 보고 있으며, 인간의 정신을 전체주의적으로 억압하고 있다고 보았으며 대단히 혐오했다. 졸업 직후 그가 미래에 아내가 될 사람으로 심리학자를 만나게 되면서 이러한 생각은 더욱 뚜렷해진다. 그는 '건축가에게는 삶보다 형태를 탐구하는 것이 더 쉽다'고 말했다. 모더니즘이 수용한 광장과 같은 공공공간을 수용하면서, 이러한 공간들이 너무 광대하고, 바람이 세게 불어 일을 할 수 없는 '무인지대(no man's land)'로 전락한 경우가 많다고 일축했다.

겔의 해결책은 간단했다. 그의 방식은 오늘날 좀 더 정교하고 데이터 중심적인 방식으로 응용되고 있다. 그 해결책은 주어진 장소나 도시의 우세한 사회적, 물리적 조건을 철저히 연구하는 것에서 시작된다. 여기에는 기후, 가로 시설물(street furniture) 및 사용자 나이에서부터, 희망선(desire line), 간판이나 표지판에 의한 신호체계(signage) 및 행동 습관에 이르기까지 모든 것에 대한 철저한 분석을 정기적으로 시행하는 것도 포함한

아래쪽 : 덴버 시내에 있는 상점들과 카페들이 있는 16번가 몰에는 길 한가운데에 푸른 나무들이 있다..

오른쪽 : 케이블 카 트랙이 있는 마켓 스트리트 (캘리포니아, 샌프란시스코)

다. 그런 다음 이러한 측정들은 맥락을 이해하고 이에 동감하며, 점진적으로 설계를 하는데 필요한 기초적 틀로 사용된다.

전략은 단순하게 들린다. 많은 부분이 정말 그러하기 때문이다. 그러나 겔은 자기 생각대로 해야 도시와 건축공간이 더 직관적으로 이목을 집중시켜 성공적으로 쓰일 수 있다고 주장한다. KADK의 도시 계획 교수가 된 Gehl은 처음 40년 동안 주로 출판과 학계를 통해 자신의 이론을 전파했다. 코펜하겐의 주요 쇼핑 거리인 스트뢰에(strøget)는 1960년대부터 그의 원칙에 따라 실험적으로 보행자 전용도로로 운용되었고 최상의 결과를 보였다. 같은 기간에 겔은 또한 공공 공간의 재생과 도시계획에 대해 좀 더 인간 중심적인 디자인 접근방식을 주장하는 책을 여럿 저술했다. 이 책들은 매우 큰 영향력을 발휘했다.

2000년에 그는 자신의 이론을 실행에 옮기기 위해 겔 아키텍츠(Gehl Architects)를 설립했다. 그의 이론은 현재 놀라운 성공과 함께 전 세계적으로 반복적으로 실제화되었다. 뉴욕의 타임스스퀘어와 브로드웨이 일부 구역의 보행자 전용화는 겔이 2009년에 수집한 연구에 기초했다. 샌프란시스코의 툭툭 끊기고 보행자들에게 불친절한 마켓 스트리트(Market Street)는 겔이 2010년 이후부터 고안해온 전략으로 다듬어지고 있다. 심지어 '멜버른 기적(Melbourne miracle)'으로 알려진 재생은 오스트레일리아에서 두 번째로 큰 도시에 놀라운 수준의 활기와 고밀화를 가져왔다. 이러한 경이로운 사건(phenomenon)을 겪으면서, 멜버른은 세계에서 가장 살기 좋은 도시 중 하나가 되었다. 멜버른의 이런 변화는 겔이 1980년대 중반부터 그곳에서 맡아온 자문 계획 역할에 크게 기인한 것이다.

잉글랜드는 의미 있는 규모에서 겔의 이론을 구현하는 것을 꺼리는 듯 보였다. 하지만 이러한 영국에조차도 이제는 겔이 옹호하는 '장소만들기(placemaking)' 원칙을 공동체(community)의 계획, 설계 그리고 개발을 위한 문화적 인식에 효과적으로 반영하고 있다. 이렇게 공공장소의 위상이 높아진 것은 겔 덕분이라고 할 수 있다. 겔은 건물로 유명한 건축가는 아니다. 그러나 교통계획자가 점유하던 공공 공간을 필수적인 건축적 관심사로 되찾고, 우리의 도시들을 더 인간적이고 살기 좋은 곳으로 만드는 데 있어서, 그는 위대한 미국의 도시계획가 제인 제이콥스(Jane Jacobs)의 활동가적 지반을 물려받아 당대 가장 중요한 도시 전문가가 되었다.

렌초 피아노

그의 초기 경력은 주로 하이테크 건축과 관련된 것이었다. 하지만 건축에 대한 그의 접근 방식은 훨씬 더 오래된 흐름과 닿아 있다.

이탈리아 1937년-

대표작 :
간사이 국제 공항, 더 샤드, 휘트니 미술관

건축 양식 :
모더니즘

위쪽 : 렌초 피아노

건축가의 역할이 현대에 맞춰 재정립되기 전에, 중세의 건축가는 마스터 메이슨(우두머리 석공)이 맡았다. 그들은 재료 및 제작에 대한 정통한 지식을 갖춘, 존경받는 장인이었다. 마스터 메이슨에게 설계라는 개념은 시공 과정의 하나였다. 피아노는 장인정신을 현대적으로 해석하여, 실행하는 건축을 우선시했다. 이를 통해 수 세기를 뛰어넘어 그의 조국에서 르네상스를 꽃피운 거장의 혈맥을 이어가고 있다.

오른쪽 : 런던, 샤드의 눈에 띄는 수직적인 공간

아래쪽 : 뉴욕에 있는 휘트니 미술관

위쪽 : 오사카의 간사이 국제 공항

오른쪽 : 스카이게이트 브리지(Skygate Bridge)로 연결된 간사이 국제 공항

그는 사무실 명칭을 렌초 피아노 건축 워크샵(Renzo Piano Building Workshop)으로 하면서 거장들이 이끈 공방의 영광을 기리고 있다. 이러한 존중은 그 자신의 가계로도 향한다. 그는 수 세대 전부터 이어져 온 건축업자 집안 출신이다. 그리고 그를 상징하는 주제들은 이탈리아 장인정신의 전통을 따라 재료를 통해 강조된다. 피아노는 투명성, 공학적 기술, 모듈화(modularity), 빛 그리고 특히 부드러운 촉감과 같은 관심사를 양식과 건물의 유형, 규모를 가리지 않고 재료에 적용했다. 이러한 지적 다양성으로 인해 피아노만의 특징적인 시각적 스타일을 정의하기는 어렵다. 피아노는 현대의 최고의 건축가 중에서는 가장 미학적으로 꾸준함이나 동질성이 결여된 모습을 보여준다. 피아노가 작업을 진행하려면 미학보다는 장인정신과 호기심, 이 두 가지 요소가 필요해 보인다.

피아노는 1989년 제노바(Genova)에서 자신만의 사무실을 개소했다. 제노바는 그가 태어난 아름다운 해안 언덕 지역과 멀지 않은 곳이었다. 1964년 밀라노 이공 대학교(Milan Polytechnic University)를 졸업한 다음 해, 그는 루이스 칸(Louis Kahn)의 필라델피아 사무실에 고용되어 5년 동안 머물렀다. 그의 첫 번째 주요 건물은 1970년에 리차드 로저스(Richard Rogers)를 만난 후에 나왔는데, 그 이후로도 오래 우정을 유지했다. 2년 후, 그들은 파리 퐁피두 센터(Pompidou Centre, 1977)를 위한 공모에 당선했다. 이 건물은 그들을 스타덤에 오르게 했다. 피아노는 로저스에 비해 이 건물을 하이테크로 분류하는데 덜 민감하다. 그는 이 건축물을 '즐거운 도시 기계(joyful urban machine)'라고 언급하면서 아쉬움을 표했다. 피아노는 구조적 표현력과 프로그래밍 방식의 혁신에 본질적 관심을 드러내며 초기 경력을 이끌었다.

두 주제는 피아노의 작품 전반에 걸쳐 반복적으로 등장하지만 반드시 하이테크에 국한된 것은 아니었다. 피아노에 비하면 로저스는 이념적 측면에서는 하이테크 건축에 헌신했다. 1981년 자신의 업무를 시작한 후, 피아노는 탁월한 다재다능함을 보여주는 광범위한 프로젝트에 착수했다. 이 중 가장 유목민적인 성격이 강한 것은 뉴칼레도니아에 있는 장 마리 티바우 문화센터(Jean-Marie Tjibaou Cultural Centre, 1988)로 여기서는 집성재(laminated timber) 돛을 사용했다. 가장 큰 것은 그의 1994

년 간사이 국제 공항(Kansai International Airport; 세계에서 가장 긴 공항 터미널)로 1.7km(1마일 좀 넘는)의 거대한 타원형 활송 장치(chute)가 있다. 가장 도시적인 것은 베를린(Berlin)의 포츠담 광장(Potsdamer Platz, 2000)이다. 여기서 피아노는 독일 수도의 풍부한 유산과 문화를 동시대에 맞게 표현하기 위해 여럿의 건물과 광장을 '조립(assembly)'하듯 구성하고 있다.

피아노 경력의 가장 성공적인 시기는 구조를 강조하던 기존의 접근방식에서 벗어나 투명성에 대해 진일보한 인식과 정확한 디테일을 보여주는 후기 단계였다. 2011년 그는 첫 번째 영국 프로젝트인 센트럴 세인트 자일스(Central St. Giles)로 런던 사람들을 매료했다. 센트럴 세인트 자일스는 다채로운 색깔의 업무시설로 장막벽의 재료는 테라코타를 썼다. 2년 후 같은 도시에서 논란이 되고 있는 더 샤드(The Shard)를 선보였다. 서유럽에서 가장 높은 마천루는 가늘어지는 형태, 그리고 갈라진 상부의 깨질듯한 연약함을 통해 기존 도시와 나름의 화해를 시도하며 강한 인상을 남겼다.

2015년 뉴욕(New York)에선 휘트니 미술관(Whitney Museum of American Art)이 문을 열었는데, 이 미술관은 외부 테라스와 산책로가 있는 9층짜리 건물로, 산업용 유리와 구리를 이용하여 네모지게 쌓아올렸는데, 혁신적으로 재구성된 더미(stack)와 같은 구성을 보여준다. 같은 해에 몰타에도 완성된 작업이 있다. 몰타의 국회의사당은 대단히 아름다운 석조 궁전으로 하이테크와는 가급적 거리를 두면서, 지역의 유산과 지역에서 나는 재료의 물성을 정교하게 활용하였다. 2017년 아슬아슬한 파리법원 통합청사(Paris Courthouse)는 완전히 다르다. 계단식으로 후퇴되며 올라가는 30층의 계단식 업무시설은 일렁거리는 반투명 유리 베일로 둘러싸인 채, 위태로운 느낌을 전달한다.

피아노 건물의 천재성은 규모에 상관없이 모든 것을 디테일로 환원할 수 있다는 점에서 드러난다. 더 샤드의 유리 피복 커튼월 유닛(cladding units)에 통합된—빛을 투과하여 관능적 퇴폐미를 떠올리게 하는—붉은색의 롤러 블라인드(roller blinds)이건, 로스앤젤레스 카운티 미술관(Los Angeles County Museum of Art, 2010) 옥상의 돛이건 상관없이 피아노의 모든 작업은 소소한 공예의 순간들을 축적하는 방법론에 의거 진행된다. 이를 통해 건물 전체에 피아노 특유의 섬세함과 세련미가 부여된다.

에바 이리치나

체코 1939년-

대표작 :
프라하 성 오랑주리, 캐나다 수상 버스 정류장, 즐린 의회 센터

건축 양식 :
모더니즘

위쪽 : 에바 이리치나

오른쪽 : 프라하 성 오랑주리

욕망을 대리하는 디자인 제품으로서, 건축의 소비지향적 상품화는 이전에도 있었다.

18세기로 거슬러 올라가면, 영국의 신고전주의자 로버트 애덤(Robert Adam)과 그의 형제들은 벽난로, 커튼 및 조명과 같은 다양한 가정용품으로 구입할 수 있는 동명의 실내 디자인 양식을 홍보하면서 큰 성공을 거두었다. 찰스 레니 매킨토시(Charles Rennie Mackintosh)도 마찬가지였고, 그의 독특한 건축 양식은 건물에 적용되는 것만큼이나 가구에도 흔하게 적용되었다. 이 동향은 모더니즘 아래에서 빠르게 가속화되었는데, 산업

아래쪽 : 이스트런던(East London)의 캐나다 워터스테이션 버스 정류장

제조 기술을 이념적으로 사용하면서 건축과 생활양식 사이의 자연스러운 크로스오버(crossover)를 보여주었기 때문이다. 20세기를 대표하는 디자인 고전 중 일부는 건축가 발터 그로피우스(Walter Gropius), 에로 사리넨(Eero Saarinen)과 유명한 덴마크의 설계 거장 아르네 야콥센(Arne Jacobsen)의 펜에서 나왔다.

에바 이리치나는 체코의 저명한 선구자로 건축가-디자이너 선배들의 풍요로운 유산을 현대에 계승하는 이들 중 한 명이다. 훈련을 받고 건축가로 실무에 종사하고 있지만, 뛰어난 역량으로 인정받는 전문분야는 실내 디자인이다. 그녀는 건축과 실내 디자인 두 분야 사이의 괴팍한 경계를 모호하게 하면서 뛰어난 작업을 이어갔다. 그녀의 건물들은 종종 복잡하고 세밀한 요소들이 날카롭게 제작된 집합체로 표현되는 반면, 그녀의 실내 디자인 의뢰는 빛과 재료의 능숙한 조작을 보여준다. 그녀는 고도로 공학에 의존하거나 개념적인 현대 공간을 종종 역사적인 건물에 삽입했다. 이는 판매공간에 가장 두드러지게 표현되었다. 그러나 그녀의 특징적인 작업은 계단이다. 그녀가 설계한 계단은 빛, 유리, 강철로 만든 구조적 보석의 차원에서 지속적으로 재창조되면서, 크리스탈 작품같은 수준을 성취하고 있다.

이리치나는 구 체코슬로바키아 즐린에서 태어났다. 그녀는 프라하 예술학교(Prague Academy of Fine Arts)에서 건축과 공학을 공부했다. 이후 그녀의 작업에서 나타나는 구조와 관련된 심도 높은 질문과 관련된 선택이었다. 1962년 졸업하고 6년 뒤, '활기차고 멋진 60년대 런던(Swinging Sixties London)'의 전설적인 시대정신에 이끌려 런던으로 이사했다. 처음에 런던 시의회(Greater London Council)에서 건축가로 일하던 그녀는 결국 개인 사무실에 고용되었고 1970년대에 브라이턴 마리나(Brighton Marina)와 실폐한 계획 웨스트민스터 피어(Westminster Pier)를 진행하며 보냈다. 그러나 1979년 유명한 패션 판매업자 조셉 에텟지(Joseph Ettedgui)와의 우연한 만남과 1980

왼쪽 : 체코에 있는 즐린 의회 센터.

위쪽 : 서머셋 하우스에 있는 이리치나의 유명한 계단 중 하나

년대의 현란한 소비지상주의의 시작은 그녀의 경력을 궤도에 올려놓았다.

1980년대 내내, 이리치나는 에텟지의 고급 패션 체인 조셉(Joseph)을 위한 우아한 런던 부티크들을 설계하며 이름을 알렸고, 마침내 그녀 자신의 사무소를 열었다. 그녀의 작품은 유리 선반, 흑백 스타일링, 미니멀한 디테일, 매장 전면의 높은 투명성, 정밀 가공된 유리 진열장, 호화로운 유리 계단-가장 인상적인 부분이다-을 포함하였는데, 이들은 현재 명품 판매점에서 당연하게 여기는 실내 디자인의 주제가 되었다. 이 중 가장 뛰어난 것은 1989년 만들어진 슬론 스트리트 스토어(Sloane Street store)의 호화로운 유리 계단이다. 1980년대와 1990년대 동안, 이리치나의 작품은 런던 제트족 삶의 화려함을 펼치면서 정제되고 세련된 현대적 배경을 제공했다.

이리치나의 다음 명성은 판매공간이 아닌 훨씬 더 큰 시설이었다. 여기서도 세심한 디테일과 공학적으로 처리한 유리 가공은 여전하다. 프라하 성의 오랑주리(Prague Castle Orangery, 2001)는 역사적인 장소에 조숙하게 하이테크 온실을 추가했다. 런던의 캐나다 워터 스테이션(Canada Water Station)은 지하철과 연계되는 버스 정류소로, 단조로운 행정시설 구역을 각진 강철 터널에 의해 지지되는 곡선의 유리 리본으로 변형시켰다. 이리치나는 1990년 체코로 돌아왔다. 즐린 의회 센터(Zlín Congress Centre)는 일종의 보석상자로 볼 수 있다. 구멍이 난 금속 여닫이(casement) 패널로 만든 콘서티나(concertina)가 타원형 외관을 장식하고, 경사진 트러스의 뾰족뾰족한 티아라로 건물 상부를 꾸몄다. 이 작업은 그녀의 가장 시적인 건물이다.

그러나 아마 가장 기억될 것은 이리치나의 서사시적인 계단일 것이다. 계단 디자인 중 가장 중요한 것은 런던 서머셋 하우스(Somerset House)의 마일즈 계단(Miles Stairs)이다. 20m(65피트) 길이의 구멍이 난 강철 매시(steel mesh; 철망) 기둥 주변을 파충류의 척추같이 생긴 흰색의 콘크리트 계단이 휘감고, 테두리는 유리를 계단 형상에 따라 두른 난간으로 장식했다. 이 계단은 주변의 신고전주의적인 화려함과는 극명한 양식의 대조를 통해 조각적 퇴폐미와 역동적인 공학기술을 과시하고 있다. 마일즈 계단은 구조적 한계를 넓힐 뿐만 아니라 실내 공간을 주도하는 주축으로써 계단의 중요한 의미를 열정적으로 설파한다.

안도 다다오

결핍은 전체적인 건축 경력을 시작할 개념의 주제로 보이지 않을 수 있다. 하지만 뛰어난 일본 건축가 안도 다다오는 결핍에서 시작해 통렬하고 시적인 효과를 도출하였다.

일본 1941년–

대표작 :
빛의 교회, 효고현립 미술관, 랑엔 재단(Langen Foundation)

건축 양식 :
모더니즘

위쪽 : 안도 다다오

이러한 결핍의 개념은 어린 시절부터 그에게 고통스러울 정도로 익숙했을 것이다. 안도는 쌍둥이 형보다 90초 늦게 오사카에서 태어났지만, 2년 만에 형과 떨어져 할머니 밑에서 자라게 되면서 어린 시절 내내 반향을 일으켰던 깊은 상실감을 경험했다.

안도에게 결핍은 고대 일본의 하이쿠의 형태로도 찾아온다. 하이쿠는 여백의 미를 다루는 시가로 소박하고 단순한 표현 형식을 통해 궁극의 아름다움을 추구한다고 전해진다. 50년의 경력 동안 건축을 통해 결핍이라는 주제는 무와 연결된 매력적인 태도로 진화했다. 안도는 패션 디자이너 칼 라거펠트(Karl Lagerfeld)와 조르조 아르마니(Giorgio Armani)를 비롯 세계적으로 많은 사람들을 팬으로 거느리며 록스타의 지위를 얻었다. 그가 살았던 시대에 일본에서 그보다 유명한 건축가는 분명 없을 것이다.

그의 가장 유명한 작품 중 하나인 오사카의 빛의 교회(The Church of the Light, 1989)는 그의 스타일을 매혹적으로 설명해준다. 약 100m^2에 불과한 아주 작은 교회로 직선형의 단단한 콘크리트 상자이다. 이 건물은 안도의 초기 경력을 이끈 스미요시 주택(Row House in Sumiyoshi, 1976)을 떠오르게 한다. 단 하나의 구멍은 상자를 잘라내고 벌어진(그러나 거의 건드리지 않는) 벽의 형태로 입구를 표시하고 있다. 무미건조하고 장식이 없는 콘크리트 벽 내부에는 친근한 스케일의 공간감이 어둑한 분위기와 어우러져 있다. 축소된

왼쪽 : 십자가가 그 구조의 틀으로 형성된 빛의 교회.

오른쪽 : 일본 고베 시에 있는 효고현립 미술관.

공간에서의 압박감으로 인해 일부 사람들은 불안감이나 밀실공포증을 느낄 수도 있다. 그러나 교회에는 하나의 매혹적인 광원을 설정한다. 제단 뒤쪽으로 베일 사이의 틈 같이 얇고 가느다란 선으로 십자가 형태로 콘크리트 벽을 찢어 놓았다. 이 틈을 통해 초월적인 빛이 어둠을 가르며 실내공간에 침투한다. 특정 시간에는 어둠을 꿰뚫는 불타는 흰색 십자가가 실내 공간을 갈라내는 것을 볼 수도 있다.

그 효과는 완전히 숭고하며, 강력한 배치가 시적 초월을 경험하게 한다. 이러한 배치는 안도의 모든 작품에서 반복되는 주제이다. 그는 능수능란한 빛의 조작, 엄밀하고 정교한 디테일의 경제성, 단순한 기하학의 순수성, 두꺼운 철근콘크리트 벽을 통한 친밀감 또는 거칠고 브루털리즘적인 표현, 빛과 어둠, 채움과 비움 사이의 날카로운 공간적 대조를 즐겨 사용하며, 이것으로 전통적인 선(Zen) 철학에 대한 그의 선호를 표현했다. 이와 더불어 안도의 건축은 내부의 심오하고 공허한, 지속적이고 잊을 수 없는 결핍과 부재의 감각을 전달한다.

이 주제 중 일부는 안도를 모더니즘 선조들과 명확하게 동일시한다. 그의 책들의 잘 알려져 있지 않은, 기하학적으로 조각되어 땅과 얽혀 있는 매스는 루이스 칸(Louis Kahn)의 작품을 떠올리게 하는 반면, 콘크리트 노출의 역동적인 사용은 코르뷔제에 대한 공감을 표명했다. 사실 젊은 시절 영감을 받았던 코르뷔제의 건물을 방문하면서 안도는 권투선수로서의 경력을 포기하고 건축으로 진로를 바꾸게 되었다. 믿기지 않지만 그는 공식적인 건축 교육을 받은 적이 단 한 번도 없다. 그

러나 건축 분야에서는 진정 최고 수준의 전문가이다. 안도가 자신의 반려견의 이름을 자기가 따르던 스위스 주군, 르 코르뷔제를 따라 지었다는 일화는 유명하다.

하지만 안도의 작품은 매우 개인적이기도 하다. 구체적으로 콘크리트 내력벽에 대한 그의 경배는 외벽이 구조적으로 불필요한 막(membranes)이어야 한다는 코르뷔제의 주장을 거부한다. 좀 더 개념적인 차원에서, 그의 작품을 관통하는 강력한 정신적 울림, 시적인 질과 자연주의적 공감은 공인된 모더니즘 건축의 강령과는 공통점이 거의 없는, 안도 고유의 특징이다.

100개가 훨씬 넘는 건물들로 이루어진 놀라운 포트폴리오에서, 안도는 독특한 스타일을 갈고 닦았다. 효고현립 미술관(Hyogo Prefectural Museum of Art, 2002)에서 그는 각진 모서리와 곡선을 병치하여 빛의 교회에서 목격한 것처럼 일광에 의해 형태의 모서리를 강조하는 빛(edge lighting)을 특징으로 하는 역동적인 구성을 보여준다. 텍사스의 포트워스 현대미술관(Museum of Modern Art of Fort Worth, 2002)과 독일의 랑엔 재단 미술관(Langen Foundation art gallery, 2004)에서 그는 조각적으로 형상화한 콘크리트 상자를 물 위에 올려놓는 극적인 연출을 시도했다. 그리고 카가와의 이우환 미술관(Lee Ufan Museum, 2010)에서는 콘크리트 벽의 음울한 도미노가 하늘을 가르고 미술관 내로 그림자를 드리우도록 계획했다.

안도의 모든 작품에서 변하지 않는 물리적 상수가 하나 있다. 그가 친애하는 콘크리트이다. 안도 작품에서 콘크리트는 종종 실크 옷처럼 매끄럽게 보인다. 노출된 거푸집 구멍이 휘어진 벽체 위로 펼쳐질 때면 스터드가 박힌(studded) 가죽옷의 경쾌함을 보여주기도 한다. 그는 이를 위해 높은 수준의 기술을 갈고 닦았다. 그의 트레이드마크인 빛, 견고함과 결핍을 조절하고 정제하기 위해 안도는 콘크리트를 사용하고, 완벽하게 사용한다. 그는 감정적 상실로부터 공간에 형태를 부여하는 주문과 씨름을 벌이며, 건축의 궁극적 연금술사의 역할을 탁월히 수행하고 있다.

왼쪽 : 독일의 미술관이자 재단인 랑엔 재단

아래쪽 : 텍사스, 포트워스 현대미술관.

렘

콜하스

급진적인 네덜란드 건축가이자 도시 이론가인 콜하스가 만든 가장 영향력 있는 작업은 지은 것이 아니라 쓴 것들이다.

네덜란드 1945년-

대표작 :
시애틀 중앙 도서관,
중국중앙텔레비전 본사,
데 로테르담

건축 양식 :
모더니즘 / 해체주의

위쪽 : 렘 콜하스

1978년 메트로폴리탄 아키텍처(OMA)를 설립한 지 3년 후, 전직 기자이자 영국 건축 협회 건축학교 (Architectural Association School of Architecture) 졸업생인 콜하스는 *광기의 뉴욕: 맨해튼을 위한 소급적 선언문(Delirious New York: A Retroactive Manifesto for Manhattan)*을 출판했다. 이 책은 엄청난 충격을 가하고, 대단히 중요한 찬사를 받으며 주목받았다.

뉴욕을 최종적인 예로 들면서, *광기의 뉴욕*은 도시가 현대 생활의 은유로 작용하는 중독성 있고 유기적이며 문화적인 기계이며, 그 발전은 인간의 활동을 '편집'하는 건축 프로그램의 시행에 의해 결정된다고 주장했다. 그의 후속작인 S, M, L, XL은 17년 후에 출판되었고, OMA의 (대부분 미실현된) 프로젝트에 열광적인 1,376 페이지에 달하는 외삽법(extrapolation)이었다. 이 책은 만약 건축이 물리적인 면적을 초월하는 실존적인 규모를 열망한다면 확립된 건축 원리(즉, 규모와 비율)는 진부해질 것이라는 새로운 개념을 품고 있었다.

S, M, L, XL의 대담한 조판, 강렬한 색상과 카탈로그 스타일이 건축 출판에 혁신을 일으키고 1990년대의 건축학과 학생들에게 환영을 받으며 두 책 모두 새로운 세대의 건축가들에게 엄청난 이론적, 그래픽적 영향을 미쳤다. 야박한 사람들이 보기에는 렘 콜하스는, 유명한 건축 이론가 피터 아이젠만(Peter Eisenman)과 베르나르 추미(Bernard Tschumi)가 그래 보였듯, 1970년대 모더니즘 사상이 거부된 이후 철학적 피난처로 후퇴한 가식적인 건축 지식계급에 불과했다. 1980년대 건축의 지식계급이 받는 시선은 경멸에 가까운 것이었다. 그들은 자신의 생각이 대규모로 실현된다는 기대도 두려움도 없이 마음껏 떠벌리는 것처럼 인식되었고, 그들이 내놓는 어려운 글은 심오한 의미가 있는 척 위장하는 것은 아닌가 의심받고 있었다. 이해하기 어려운 글의 또 다른 효

가까운 오른쪽 : 베를린의 슈프레 강(River Spree)에 있는 네덜란드 대사관.

오른쪽 : 포르투(Porto)의 라 카사 다 뮤지카 (La Casa da Musica)

과는 대중의 철저한 검증이 어렵다는 점이었고 이는 지식계급의 보호를 위해 나쁠 게 없었다.

그러나 전 세계의 그의 추종자들에게 콜하스는 가장 유명한 당대의 건축 사상가이다. 그의 급진적이고 아방가르드적이기도 한, 끈덕진 저항과 불복종의 시도는 패션, 출판, 영화와 연극으로 확장되며 건축적 가능성의 경계를 더 새롭고 더 자극적인 영역으로 밀어내고 있다. 그리고 비평가들이 경멸할 수도 있는 공공연한 지적 편중(intellectualism)에도 불구하고, 콜하스는 전 세계에 걸쳐 그의 이론을 유의미하고 부끄럽지 않게 초현실적인 거대한 규모의 건축물로 실현했다.

아마도 색다른 주제의 혼란에 대한 쿨하스의 명성이 확립된 첫 번째 주요 작품은 베를린(Berlin)의 네덜란드 대사관(Dutch embassy, 2004)일 것이다. 여기서 반투명한 직선 건물은 지그재그로 나아가는 대각선 오목부와 흑백 그래피티처럼 정면을 가로질러 조금씩 움직인 돌출부로 은밀하게 얼룩져 있다. 그리고 시애틀 중앙 도서관(Seattle Central Library, 2004)에서, 어색하게 모따기처리된 다이어그리드 유리 상자가 건물의 형태가 내부 기능을 따르도록 하기 위해 극단적인 시도로 위쪽과 바깥쪽으로 선회한다.

콜하스의 가장 극적인 작품 중 일부는 마천르 형식의 풍자적인 재창조였으며, 이 과정은 콜하스가 책에서 분명히 밝힌 대도시 맨해튼과의 관련성에 뿌리를 두고 있다. 44층짜리 데 로테르담 복합용도개발(De Rotterdam mixed-used development, 2013)에서, 3개의 결합된 직선형 유

리 타워가 중앙과 중앙에서 절단되고, 결과적으로 8개의 볼륨이 비틀거리며 테트리스(Tetris)의 거대한 게임처럼 서로를 향해 이리저리 움직인다. 그리고 거의 틀림없이 그의 가장 유명한 프로젝트인 베이징의 CCTV 본사(China Central Television HQ, 2012)에서 콜하스는 전통적으로 남근을 상징하던 마천루를 구부리고 다시 땅을 향해 비틀어 거대한 비대칭의 풍수(風水) 고리를 형성함으로써, 보이지 않는 돌연변이 존재의 이탈된 뒷모습처럼 묵시적으로 도시 위에 더 빛나는 방식으로 패러디했다.

콜하스의 혼란스런 구조와 볼륨의 무질서에 대한 평판때문인지, 많은 사람들은 그의 작품을 해체주의와 나란히 했다. 그러나 이론을 거부하는 경향이 있는 해체주의와 달리 콜하스는 신격화한다. 게다가, 그의 광범위한 릴 마스터플랜(Lille masterplan, 1988)과 다른 포괄적인 도시 연구들이 보여주듯이, 콜하스는 해체주의가 해롭게 촉진하는 반이상향의 허무주의에 완전히 동의할 수 없는 본능적이고 열정적인 도시계획가이다.

어쨌든, 몇몇 프로젝트에서 콜하스는 트레이드마크인 엉뚱한 연출을 없애고 놀랍게도 합리성과 질서에 접

근하는 미묘한 절제를 보여주었다. 아마도 그가 과도한 지성주의에 대한 영국의 오래된 의심을 인식했기 때문에, 런던 프로젝트인 뉴 코트 로스차일드 은행(New Court Rothschild Bank, 2011)과 홀랜드 그린(Holland Green, 2016)은 차분하고 거의 개신교적인 순수성, 냉철함과 침착함을 보여준다. 마찬가지로, 프랑스 북부 캉(Caen)의 십자형 알렉시스 드 토크빌 도서관(Alexis de Tocqueville Library)과 파리 외곽에 있는 랩시티 '슈퍼블록'(Lab City 'superblock', 둘 다 2017)은 순수하게 각이 진 절제를 보여주며 실용적인 접근 방식을 취했다.

콜하스는 해체주의자라기보다 분류에 반항하고 자기 생각 이외의 권위에 복종하지 않는 사람으로 보는 것이 맞을 것이다. 콜하스가 이성적인 부분뿐만 아니라 기묘한 부분에 대해서도 비범한 판단을 할 수 있는 이유는 아마도 콜하스에게 모든 것을 지적 탐문의 범위로 간주하여 개념적 차원에서 사고를 풀어내는 타고난 능력이 있기 때문일 것이다.

왼쪽 : 베이징(Beijing)의 중국중앙전시대(CCTV) 본사.

오른쪽 : 데 로테르담 복합용도개발

왼쪽 : 시애틀 중앙 도서관

대니엘 리버스킨트

폴란드 / 미국
1946년-

대표작 :
베를린 유태인 박물관,
로열 온타리오 박물관 증축,
노스 임페리얼 전쟁 박물관

건축 양식 :
해체주의

위쪽 : 대니엘 리버스킨트

리버스킨트의 건물들은 오늘날 해체주의 건축에서 가장 번성하는 사례들이다.

그의 건물들은 건물들의 들쭉날쭉한 각도, 단절된 형태, 불협화음의 형상과 격렬한 분출을 통해, 해체주의 신조의 중심에 있는 구조적이고 미적인 혼란, 방향 감각 상실과 어긋남을 강력하게 시행한다.

이것을 매우 유창하게 달성한 리버스킨트의 기술은 비판 없이 나온 것이 아니다. 비록 그것이 대중에게 유용한 분류 도구이지만, 건축가들은 양식을 혐오하는 경향이 있고, 리버스킨트는 그의 모든 작품에서 이와 같은 각진 불협화음의 공식을 뻔뻔스럽게 반복했다는 비난을 받아왔다. 그렇게 해서, 맨체스터의 노스 임페리얼 전쟁 박물관(Imperial War Museum North, 2002)과 덴버 미술관(Denver Art Museum)(2006), 토론토의 로열 온타리오 박물

오른쪽 : 베를린의 유태인 박물관은 홀로코스트를 추모하기 위한 전용으로 만들어졌다.

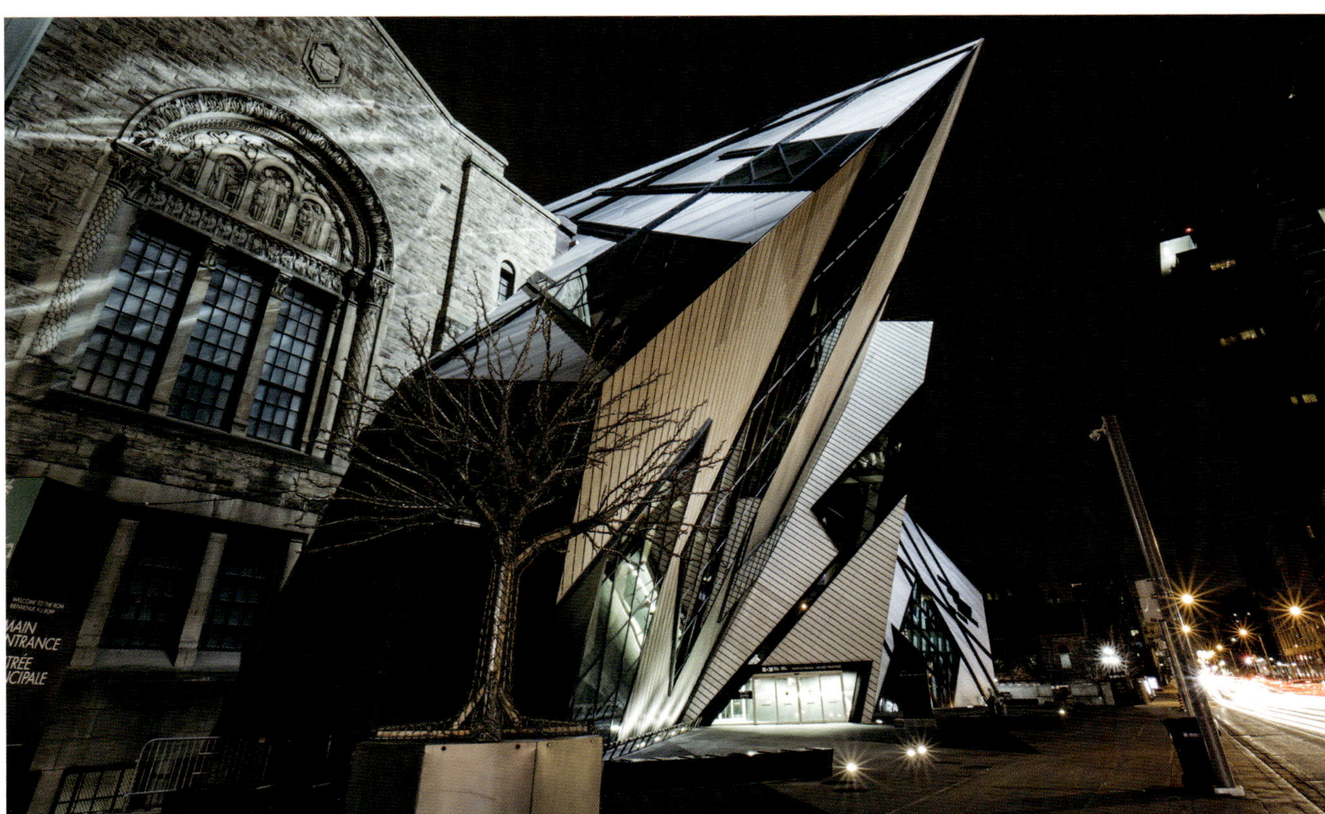

아래쪽 : 로열 온타리오 박물관의 수정 같은 증축

관 증축(Royal Ontario Museum Extension, 2007)과 드레스덴(Dresden)의 군사 박물관(Military Museum, 2010) 증축에 그가 직접 만든 것 같은 가시 돋친, 끝이 뾰족한, 금속 조각이 딸려 있다는 것은 부인할 수 없다.

단조로운 스타일과, 해체주의의 혼란과 격렬함에 대한 시각적 찬사에도 불구하고, 리버스킨트의 작품은 기억, 비애 및 기념과 지울 수 없는 관련이 있다. 그를 규정하는 두 가지 결정적인 작업인 베를린의 유태인 박물관(Jewish Museum Berlin)과 뉴욕의 세계무역센터(World Trade Centre; WTC)를 위한 그의 실현되지 않은 광범위한 재개발 기본 계획은 모두 상상할 수 있는 가장 끔찍한 인간의 잔혹한 행위를 웅변적으로 기념하는 역할을 한다. 그렇게 함으로써, 그의 건축은 해체주의의 적대적인 부자연스러움으로부터 벗어나 꿈틀거리고, 리버스킨트를 당대의 가장 뛰어난 시적인 선동가 중 한 명으로 발견하게 되는, 거의 고통에 가까운 격렬한 감각을 경험하게 된다.

리버스킨트는 폴란드에서 홀로코스트(Holocaust) 생존자들의 아들로 태어났다. 이민 가기 전 가족은 1957년에 이스라엘(Israel)로 이주했고 2년 후에 미국으로 이주했다. 1970년 뉴욕의 쿠퍼 유니언(Cooper Union)에서 건축학 학위를 받기 직전, 리버스킨트는 리차드 마이어(Richard Meier)와 피터 아이젠만(Peter Eisenman)의 수습생으로 일했다. 그러나 그는 인정받는 건축가들이 갖은 굴욕감을 가지고 인턴들을 대하는 일종의 노예 패러디에 희생양이 된 후 두 직장 모두 몇 시간 만에 그만두었다. 마이어는 리버스킨드에게 노예처럼 본인의 디테일을 베끼라고 했으며, 아이젠만은 바닥 청소를 하라고 했다. 이 기간 동안 리버스킨드는 평생 사업 파트너로 남아있는 여성과 결혼하고, 프랭크 로이드 라이트(Frank Lloyd Wright)의 건물들을 둘러보며 신혼여행을 보냈다.

이후 리버스킨드는 학계에서 경력을 쌓았고 의대한 이슬람 건축가 미마르 시난(Mimar Sinan)처럼 50대 초반까지 첫 건물을 완성하지 못했다. 독일 오스나브뤼크의 펠릭스 누스바움 하우스 미술관(Felix Nussbaum Haus Art Gallery, 1987)은 맞물리는 평면과 얇게 썬 대각선 창으로 완

성된, 일련의 불안정한 비대칭 상자들로 구성되었다. 이 건물과 프로그램(미술관은 게다가 인종 차별과 싸우는 데 전념하고 있다.) 모두 앞으로 다가올 타협 없는 건축과 사회적 행동주의의 징후였다.

그리고 그 일은 리버스킨드의 경력을 규정하는 건축 프로젝트에서 강렬하고 기념적인 힘으로 강타했다. 베를린 유태인 박물관(2001)은 홀로코스트에 헌정된 최초이자 가장 큰 박물관이었다. 리버스킨드는 그의 부모를 통해 유대인에 대한 개인적인 경험을 가지고 있었다. 성난 지그재그 발자국이 산산조각난 다윗의 별을 모방하며 땅을 그을리며 타들어가고, 찢혀진 상처처럼 떡 벌어진 깊은 상처로 딱딱한 금속 외피에 흉터와 톱날 자국 같은 틈을 두었다. 이 건물은 광란의 파열에 대한 해체주의 본래의 권능을 완전히 활용하게 하는 본능적이고 무절제한 구성을 취하고 있다. 건물 전체 구성은 무의미한 낭비, 황폐해지고 상실감에 빠진 인간의 이야기를 은유하고 있다.

그럼에도 불구하고, 비어있는 홀로코스트 타워 사일로와 20m 높이의 내부 보이드의 숭고한 배열을 통

해 무(無)에 대한 생생한 묘사를 구현하였다. 콘크리트 몸통으로부터 나무가 자라는 혼란스러운 정원에서 리버스킨드는 망명을 허무주의적으로 표현하고 있다. 이를 통해 리버스킨드의 작품은 능숙한 은유, 시적인 통렬함을 일으켜 거의 비교할 수 없는 원시적 감정의 힘을 얻게 된다.

이제 국제적인 명성을 얻은 리버스킨드는 잔인한 아이러니로 2001년 9월 9일 베를린 유태인 박물관이 문을 연 지 이틀 만에 파괴되었던 세계무역센터를 재설계하기 위한 2003년의 국제 공모에 참가하여 당선했다. 공모안에서 리버스킨트는 평화와 화해를 위해, 유대인 박물관에서 적용했던 추모의 처방을 반복하는 것이 적절하다고 생각했다. 상징적으로 1,776m 높이로 올라가는 뒤틀린 빙하 첨탑을 떠올리게 하는 리버스킨트의 프리덤 타워(Freedom Tower)는 대중의 상상력을 사로잡았지만, 월드 트레이드 센터의 소유주 래리 실버스타인(Larry Silverstein)의 생각은 달랐다. 그는 좀 더 안전한 선택을 원했고 SOM으로 설계자를 교체했다. 이 타워는 많이 달라진 설계의 원 월드 트레이드 센터(One World Trade Centre)로 완성되었다.

그러나 리버스킨드의 마스터플랜에서 살아남은 요소들, 즉 파괴된 트윈 타워(Twin Towers)의 정확한 위치를 표시하는 두 개의 반사 수공간(reflecting pool), 그리고 매년 타워가 공격받던 정확한 순간에 빛으로 휩싸이는 해시계로 구성된 광장에서, 우리는 다시 한번 리버스킨드가 건축에서 반영, 화해와 구원을 끌어들이면서, 기억을 시적 체험으로 풀어내는 놀라운 능력을 발견한다.

왼쪽 : 베를린 유태인 박물관의 홀로코스트 타워 내부.

가까운 왼쪽 : 맨체스터의 노스 임페리얼 전쟁 박물관.

오른쪽 : 세계무역센터에 있는 기념비의 두 개의 반사하는 웅덩이 중 하나

자하 하디드

세계에서 가장 유명하고 성공한 여성 건축가를 찾는다면 고(故) 자하 하디드가 답이다. 과거에도 그러했고, 현재에도 여전히.

이라크 / 영국
1950년-2016년

대표작 :
국립로마현대미술관(MAXXI), 헤이다르 알리예프 센터, 2012 런던 아쿠아틱스 센터(London 2012 Aquatics Centre)

건축 양식 :
모더니즘

위쪽 : 자하 하디드

그녀의 이름은 노먼 포스터(Norman Foster), 프랭크 게리(Frank Gehry)와 함께 있었다. 그녀는 모르는 사람이 없는 극소수의 건축가 중 한 명이었다. 경력의 절정기에서 기관지염으로 인한 때 이른 죽음은 비범한 업적을 확고히 하는 역할을 했을 뿐이다. 그녀는 세계적으로 유명한 프리츠커상(Pritzker Prize for architecture)을 수상한 첫 여성으로 남아있고, 영국에서 두 번 연속 영국왕립

위쪽 : 로마의 MAXXI 건물의 외관

왼쪽 : 아제르바이잔 바쿠의 헤이다르 알리예프 센터

건축가협회 스털링상(RIBA Stirling Prizes)을 받았고, 경(dame) 작위를 받은 몇 안 되는 건축가 중 한 명이다. 그리고 이 모든 것이 바그다드에서 온 캐톨릭 교육을 받은 아랍 태생의 이슬람 여성을 위한 것이었다. 그녀는 종교, 성별과 출신 민족에서 일반적으로 국제적인 성공을 하는 부류와는 다른 소수자의 정체성을 가지고 있었다.

하디드는 재능 있는 건축가인 동시에 그녀 자체가 브랜드였다. 자하 하디드 하면 떠오르는 미끈하게 처진 검은 로브, 강철같은 찡그린 표정, 바보들에게 가혹하게 대하는 것 등의 뚜렷한 인상으로, 권위있는 천재 거장이라는 공식적인 페르소나를 조심스럽게 구축했다. 현명하게도 그녀는 영화, 전시, 조명, 패션, 가구 분야에서 다수의 비건축적 크로스오버 벤처를 통해 명성을 이용하여 상당한 상업적 성공을 거두었다. 이는 특히 건축학과 학생 세대에게 인지도를 높이는 상황으로 이어졌다. 미래를 압축적으로 포착했던 그녀의 비전에 감복하여 하디드를 숭배하는 학생들이 늘어났던 것이다.

선풍적인 성공의 진정한 이유를 찾는 것은 그녀의 이미지나 시장성이 아닌 화려한 건물들을 통해 전달되는 바로 이 압축적 포착 능력 때문이다. 그녀의 초기 건물 중 하나인 독일의 비트라 소방서(Vitra Fire Station, 1993)의 해체주의의 시각적 돌출에서부터 생애 마지막으로 완성된 프로젝트인 안트베르펜의 초현실주의적으로 날아오른 병 속의 배같은 형상의 항만공사 사옥(Port Authority Building, 2016)에 이르기까지, 하디드는 건축에서 가능한 구조적, 공학적, 미학적 및 문화적 경계를 넓혔다. 따라서, 그녀의 건물들은 의도적으로 개념적이고, 끊임없이 역동적이며, 공격적으로 감정을 자극하는 새롭고 타협하지 않는 현대 건축의 형태를 정의했다.

양식적으로 그녀의 건물들은 명확한 해체주의적 영향을 가지고 있으며, 해체주의라면 의례히 떠오르는, 울퉁불퉁하고 공격적인 병치, 각진 형태를 선호한다. 하지만 그녀는 이 형태에 그녀 고유의 독특하고 개인적인 무언가를 채워 넣는다. 불룩한 곡선으로 춤을 추듯 움직이는 호를 통해 전달되는 유동적이고, 공중에서 덮치는 듯한 매스를 쓰고, 인체 공학적인 활력을 불어넣는다. 지그재그로 방 주위를 돌아다니는 파리의 광란적인 상상 속의 비행운처럼 예측할 수 없는 초조함, 운동감각과 절박감을 포착한다.

국립로마현대미술관(MAXXI, 2010)을 예로 들어보자. 날카로운 모서리와 가파른 캔틸레버의 외부 콘크리트 외피 안에서, 내부는 마치 건축으로 경주 코스를 형상화한 것처럼 보이며, 돌진하는 둥근 머리핀 같은, 경사를 확대하고, 모서리 언저리에서 꿈틀거리는 벽, 조명, 계단 및 구조물의 직선적이고 단색인 트랙과 맹렬하게 진동한다. 반면 극히 예외적인 아제르바이잔(Azerbaijan)의 헤이다르 알리예프 센터(Heydar Aliyev Centre, 2012)에서 하디드는 강으로 만든 3차원 트러스(steel spaceframe)와 유리강화 콘크리트(glass-reinforced concrete)를 적용하여 우아한 백색 도료 형태의 조각적 아름다움을 고통스러울 정도로 묘사함으로서, 유동성을 숭고하게 묘사한다. 건물 모서리들을 덮는 피복(cladding)은 우아하게 굽이친다. 두피에서 어깨로 늘어지는 부드럽게 짜여진 머리카락처럼 불룩한 프레임 위에 겹친다. 내부에서도 유동성의 주제가 반복된다. 톱니 모양의 타원과 곡선, 표면이 휘핑크림처럼 소용돌이치고 회전하는 천체의 흰색 공간과, 감미롭고 영화처럼 충만한 달의 사운드스케이프와 통합적으로 전개된다.

이것들 중 어느 것도 진보된 구조와 설계 기술의 사용 없이는 성취되지 않았고, 하디드의 작품은 주제의 미학뿐만 아니라 그녀의 역동적이고 중력을 거스르는 개념을 현실로 바꾼 공학적 독창성으로 유명하다. 또

한 BIM(Building Information Modeling) 기술의 초기 선구적인 사용을 포함하여 컴퓨터 모델링, 포물선 분석 및 디지털화된 생산 프로세스와 같은 소프트웨어 도구의 경계를 넓힌 것으로 유명하다. 그녀가 죽은 후, 그녀 저작권에 대한 법적 논쟁에도 불구하고, 그녀의 이름을 딴 회사는 살아남아 그녀의 정신으로 작품을 계속 생산한다.

예상한 대로 하디드의 가치를 폄하하는 사람들이 있었다. 그녀 스스로 '멋진 작은 건물들'을 만들기 위해 이곳에 온 것이 아니라는 것을 인정했고, 그녀의 건축은 의도적으로 진정시키기보다는 도발하려고 했다. 어떤 사람들은 그녀의 작품 형태가 자기 중심적인 술책, 문맥적인 무감각 및 얄팍한 객관화에 그치고 있음을 지적했다. MAXXI는 건축이 소장품과 경쟁하려는 기본적으로 해서는 안 되는 방종으로 비판을 받았다. 아제르바이잔의 독재 상황으로 인해 일부에게 헤이다르 알리예프 건은 도덕적으로 부적절해 보였다. 그러나 카라바조(Caravaggio)의 살해와 관련된 이야기는 옳든 그르든 역사는 사람과 성과를 분리하는 데 신중하다는 것을 말해준다. 그리고 어느 쪽이든, 현대 건축에 대한 하디드의 선구자적인 기여는 그녀가 상상하기 위해 그렇게나 많이 작업한 미래가 그녀가 마땅히 받아야 할 끊임없이 계속되는 위대함으로 그녀에게 보상할 가능성이 있다는 것이다.

왼쪽 : MAXXI 박물관 내부

아래쪽 : 런던 아쿼틱스 센터는 2012년 하계 올림픽을 위해 지어졌다.

산티아고
칼라트라바

스페인 1951년

대표작 :
세계무역센터역,
리에주길레민스역,
발렌시아 예술 궁전

건축 양식 :
모더니즘

위쪽 : 산티아고 칼라트라바

어쩌면 놀랍게도, 매우 밀접하게 연결된 두 직업에 있어서, 역사는 우리에게 매우 적은 수의 건축공학자들을 알려주었다. 산티아고 칼라트라바는 구스타브 에펠(Gustave Eiffel)과 마찬가지로 가장 위대한 공학자이자 건축가이다.

칼라트라바는 그의 작품에 또 다른 직업적 요소인 예술을 더한다. 1968년 파리에서 교환학생으로 회화학과를 공부하던 그는 파리에서 일어난 학생 봉기를 피해 발렌시아로 돌아가는 길에 르 코르뷔제(Le Corbusier)에 관한 책을 우연히 접한 후 건축으로, 다시 건축공학으로 전향했다. 칼라트라바는 예술적 재능, 공학적 기술과 건축적 창의성을 조합하여 20세기 후반과 21세기 초반에 가장 눈에 띄고 기억에 남는 건축 작품을 창조했다.

오른쪽 : 말뫼(Malmö)의 돌아가는 토르소 타워.

아래쪽 : 발렌시아에 있는 오페라 궁전 (The Palace of Opera).

왼쪽 : 벨기에 리에주 (Liège, Belgium)에 있는 리에주길레민스역의 중앙 출입구 측면.

오른쪽 : 뉴욕에 있는 월드 트레이드 센터 역의 외관

칼라트라바는 자신을 기본적으로 조각가라고 생각하며, 그의 작품들은 생생한 에너지와 표현력 넘치는 비틀고 구부러진 형태로 규정된다. 보통 눈부시게 빛나는 흰색으로 묘사되는 건물들의 뒤틀린 기하학과 빛나는 외피는 영혼을 고양하고 경외감을 일으키며, 경이롭고 미묘한 초월성을 감각하게 한다. 칼라트라바의 건축은 또한 눈에 띄게 자연주의적이며 상징적 은유와 동물 형태로부터의 영감, 인류학적 형상이 풍부하다. 직선과 직각은 보기 힘들며, 기둥은 갈비뼈처럼 휘고 함께 모여 있고, 날아오르는 볼트(vault)는 새의 날개 모양이다. 이러한 형태를 전달하는 데 필요한 격렬한 구조적 연출은 종종 에로 사리넨(Eero Saarinen)의 작품과 비교하게 되었고, 칼라트라바 자신은 로댕(Rodin)과 프랭크 게리(Frank Gehry) 모두에게 깊은 존경심을 표명했다. 세 명 모두처럼 칼라트라바의 작품 역시 주요한 시각적 트레이드마크가 되는 구불구불한 조각적 유동성을 유지하고 있다.

칼라트라바의 첫 번째 프로젝트는 구조적으로 단순한 공학기술과 사회기반시설의 요구사항을 결합하는 구성이었지만, 그 프로젝트에서 우리는 다가올 몇 가지 날아오르는 조각적 우아함의 첫 씨앗을 볼 수 있다. 취리히 슈타델호펜역(Zurich Stadelhofen railway station, 1990)은 그가 설계한 많은 기차역 중 첫 번째 역이었지만, 위시본 기둥(wishbone columns)과 촘촘하게 휘어진 플랫폼으로 그의 후기 스타일을 살짝 엿볼 수 있다. 이 시기 칼라트라바는 공학 기술을 강조하면서 사회기반시설 설계가 많았다. 극적으로 기울어진 바르셀로나(Barcelona)의 박 데 로다 다리(Bac de Roda Bridge, 1987)의 아치, 세비야에 있는 알라미요 다리(Alamillo Bridge, 1992)의 긴장감 있게 확장된 투석기, 바르셀로나에 있는 몬주익 커뮤니케이션 타워(Montjuïc Communications Tower, 1992)의 나른한 우아함에서 우리는 그의 대표적 특징인 시각적 우아함과 진보적인 구조 기술의 시작을 본다.

이후 수십 년 동안, 이 특징은 더 큰 쇼케이스 프로젝트에 더 화려하게 적용되었다. 토론토의 브룩필드 플레이스 아트리움(Brookfield Place Atrium, 1992)과 리스본의 장관을 이루는 오리엔트역(Gare do Oriente, 1998)의 나무 같은 기둥과 아치형의 복잡함과 높고 좁은 아치들에서 우리는 칼라트라바의 작품이 유기적이고 가우디식 초현실주의에 도달하는 것을 볼 수 있다. 그리고 밀워키 아트 뮤지엄(Milwaukee Art Museum, 2001)에서 우리는 칼라트라바의 날개 달린 디자인과 움직이는 건축 요소를 이용한 최초의 대규모 실험을 목격한다. 66m의 날개폭과 리브형 곡선, 급강하하는 호의 인상적인 구조를 가진 거대한 옥상 베일은 낮에는 열리고 밤에는 닫을 수 있다. 그 옥상 베일은 건축, 공학 및 조각의 능수능란한 조화를 표시한다.

스웨덴 말뫼에 있는 미래파적 터닝 토르소 타워(Turning Torso tower, 2005)도 마찬가지였다. 54층, 190m 높이의 마천루로서는 세계 최초의 비틀린 모양을 취했다. 건물 자체는 움직이지 않지만, 수직 콘크리트 코어를 중심으로 오각형 바닥판이 서서히 회전하며 늘어나는 외부 철골 내에 설치되어 90도로 지상에서 최상층까지 점진적으로 비틀리면서, 움직이지 않는 건물에서는 좀처럼 얻을 수 없는 운동감과 탄성을 인상적으로 사로잡는다. 칼라트라바는 이 작업의 요소를 이어갔다. 발렌

시아 사이언스 뮤지엄(Valencia Science Museum, 2006)의 파충류 외골격 리브와 발렌시아 예술 궁전(Valencia's Palace of the Arts, 2006)의 돌아다니는 연체동물 껍데기는 터닝 토르소와의 연계점, 즉 유기적이고 동물 형태로부터 영감을 받은 요소를 드러낸다.

칼라트라바의 가장 위대한 작품 중 두 개는 경력의 시작과 일치하는 철도역사이다. 벨기에의 리에주길레민스역(Liège-Guillemins Station, 2009)은 엄청난 오페라적인 아름다움을 자아내는 작품이다. 160 × 32m 스틸 아치(steel arch)와 기념비적이면서도 빛을 발하는 유리와 강철 볼트(vault)로 장관을 이루면서 21세기 유럽에서 가장 훌륭한 기차역임을 증명하고 있다. 호화로운 뉴욕의 월드 트레이드 센터 역(World Trade Center Transportation Hub)에서 칼라트라바의 트레이드마크인 자연주의적 우화는 어린이의 손에서 날려 보내는 새의 숭고한 건축적 표현으로 절정을 이룬다. 빛에 휩싸여 휘황찬란한 하얗게 칠해진 중앙홀 위로 치솟는 리브형 강철(ribbed steel)과 유리 케이지로부터 하늘을 향해 솟구치는 45m(150피트)의 날개 달린 쌍둥이 캐노피(canopiy)들로 지금까지 어떻게 건축, 공학기술과 조각이 영감에 의해 화합되어 감정적인 반응을 이끌어낼 수 있는지에 대한 가장 시적인 묘사를 제공한다.

세지마 가즈요

일본 1956년

대표작 :
촐페라인 경영 디자인 학교 (Zollverein School of Management and Design), 뉴 뮤지엄, 롤렉스 러닝 센터

건축 양식 :
모더니즘

위쪽 : 세지마 가즈요

환대받는 설계 2인조 사나(SANAA)의 일원으로서, 세지마 카즈요는 세계에서 가장 성공적이고 영향력 있는 선두적인 여성 건축가 중 한 명이다.

그녀는 SANAA로 프리츠커 건축상(Pritzker architecture prize)을 수상한 두 번째 여성이며(자하 하디드(Zaha Hadid) 이후), 2010년에 프리츠커상을 수상을 했던 같은 해에 그녀는 유명한 베네치아 비엔날레(Venice Biennale)에 건축 부문 감독으로 임명된 최초의 여성이 되었다.

위쪽 : 스위스 로잔의 롤렉스 러닝 센터

왼쪽 : 촐페라인 경영 디자인 학교

세지마의 작품은 현대 디자인의 프리즘을 통해 전달된, 모더니즘에 대한 깨끗하고 매끄럽고 광택이 나는 해석을 제시한다. 그 해석은 유연하며, 꾸밈없는 정확성의 단순한 형상을 통해 미래를 그린다. 합리적인 구조는 개념을 우선시하는 추상적인 형태와 새로운 건축 문화에 생기를 부여한다. 세지마에게 이 미래는 호화롭고 매우 광택이 나는 재료와 거울, 대리석 또는 스테인리스강(stainless steel)과 같은 반사하는 표면의 모습을 통해 드러난다. 여기에 더해 유리를 일렁거리고 빛나는 베일로 바꾸는 섬세하고 구조상의 반투명성을 활용하곤 한다. 그러나 이러한 정교하고 산업화에 대해 유연한 접근에도 불구하고, 그녀의 건축은 일본 전통건축에서 구현되는 자연에 대한 깊은 몰입을 강력하게 선호한다. 자연광은 변함없이 우선시되며, 유리 피복과 만들어진 경관은 건축과 조경, 건물 형태와 자연적 형태 사이에서 급격한 수준의 과도기적 유동성을 생성한다.

세지마는 일본 중심에 있는 이바라키현의 수도인 미토 시에서 태어났다. 여자만 다니는 대학의 오랜 전통을 가진 나라에서, 세지마는 1979년 일본여자대학교(Japan Women's University)를 졸업하고 1981년 건축학 석사 학위를 받았다. 그녀는 이후 개념의 정립과 구현으로 호평을 받던 이토 도요(Ito Toyo)와 6년간 일했고, 그곳에서 학생이었던 니시자와 류에(Nishizawa Ryue)를 만났다. 그녀는 1987년 자신의 사무실을 설립했고, 그곳에서 니시자와는 곧 그녀와 합류했다. 그리고, 1995년 두 사람은 새로운 파트너십을 조직했고 SANAA(Sejima and Nishizawa and Associates)가 탄생했다.

세지마의 초기 작품 중 하나는 그녀가 향하고 있던

위쪽 : 독일 에센(Essen, Germany)의 촐페라인 큐브(Zollverein cube) 안에서 보는 모습

하이컨셉(high-concept)의 방향을 보여준다. 도쿄의 조후역 밖의 파출소(Police Box outside Chofu station, 1994)는 창문이 없는 검은 칠을 한 콘크리트 육면체에 작은 경찰서가 삽입된 모습을 보는 추상적이고 유목적인 작품이다. 거울이 붙은 정사각형과 직사각형이 정육면체 사이로 돌출되어 있으며, 건물을 정확히 관통하는 원통형(흰색으로 칠해진)의 더 큰 구멍이 뚫려 있다. 이 프로젝트는 작지만, 이후 세지마의 특징이 된 반사, 대비, 단순성과 추상의 주제를 완벽하게 포착한다.

이후 SANAA는 일본 중부 기후(岐阜) 현의 키타가타 아파트(Kitagata Apartment Building, 1998)와 같은 더 큰 프로젝트를 진행했다. 여기서 세지마는 사회적 주택의 큰 단지 주위에 외부의 데크(deck) 접근을 인간화하고 거주하게 함으로써 하이컨셉 뿐만 아니라 기능성에 대한 시각을 보여준다. 유광의 반투명 형태를 이용한 많은 실험 중 첫 번째는 톨레도 미술관(Toledo Museum of Arts)의 글라스 파빌리온(Glass Pavilion, 2006)에서 나왔는데, 여기서 단층으로 된 라미네이트 유리벽의 휘몰아치는 소용돌이가 마치 최면에 걸린 것처럼 곡선을 그리며 잔물결을 이룬다.

뉴욕(New York)의 뉴 뮤지엄(New Museum of Contemporary Art, 2007)에서 훨씬 더 각진 혼합물이 만들어지는데, 여기서 7층 유리와 강철 상자를 비대칭적으로 쌓은 더미에 타공 스틸 베일(steel veils)을 적용하여 확산된 빛이 번지면서 빛날 수 있도록 해준다. 마찬가지로, 일본 오모테산도(Omotesando, Japan)의 크리스찬 디올 빌딩(Christian Dior Building, 2003) 역시 바닥에서 천장까지 씌워진 유리 창문을 통해 희부옇거나 색이 있는 빛이 스며들 때 직선의 등대처럼 깜박이는, 미스를 떠오르게 하는 호화로운 상자이다.

스위스 로잔(Lausanne, Switzerland)의 롤렉스 러닝 센터(Rolex Learning Centre, 2010)는 톨레도(Toledo)에서 마지막으로 볼 수 있었던 관능적인 만곡 유리로의 성공적인 복귀를 보여준다. 1층의 유리 볼륨은 침대 위에 평평하지 않게 놓인 커다란 시트에 난 주름처럼 부드럽게 부풀어 오르거나 땅으로 떨어진다. 유리는 또한 수직뿐만 아니라 수평으로 표현되는 곡선적 특성을 보이면서 평면 사이사이에 끼어들어 많은 불규칙한 원형 또는 타원형의 중정들을 만든다.

도쿄의 스미다 호쿠사이 박물관(Sumida Hokusai Museum, 2016)의 반짝이는 금속성 반사를 통해 추상화는 완전한 힘으로 돌아온다. 이 건물의 외관은 어떤 의미로는 수수께끼 같다. 특대의 건축 서예를 암시하는 것처럼 날카롭게 각진 창 없는 형태가 베이고, 썰고, 벌어진다. 만약 미래에 대한 세지마의 아주 놀라운 비전이 실현된다면, 미래는 추상적인 개념이 살아나 금속과 유리로 된 매끄럽고 반사되는 새시에 씌워지는 그런 공간으로 구현될 것이다.

위쪽 : 뉴욕의 현대 미술관(Museum of Contemporary Art)

데이비드 아디아예

영국 1966년

대표작 :
화이트채플 아이디어 스토어, 더티 하우스, 국립 아프리카계 미국인 역사 · 문화박물관

건축 양식 :
모더니즘

위쪽 : 데이비드 아디아예

명백한 이유로, 건축가들은 습관적으로 빛에 끌린다. 하지만 어둠은? 어둠과 그림자는 그것들만의 대안, 극적인 사건의 공상적인 감각, 긴장과 공간을 자아내는 강력한 개념적 동인이 될 수 없을까?

오른쪽 : 워싱턴 D.C.의 국립 아프리카계 미국인 역사 · 문화박물관

독일 표현주의자들은 이것을 이해했다. 느와르 영화의 제작자들도 마찬가지였다. 그리고 유창한 흑백의 능수능란함을 가진 데이비드 아디아예도 마찬가지이다.

살아있는 건축가 중 소수만이 기사 작위를 받았고, 데이비드 아디아예는 현재 그들 중 가장 젊다. 보통은 성공하려면 오래 살아야 하는 직업에서, 그가 상대적으로 젊었을 때 받은 국제적인 찬사는 특별하다. 그의 경력 중 가장 유명한 프로젝트는 워싱턴 D.C.(Washington DC)에 있는 스미스소니언협회(Smithsonian Institute)의 국립 아프리카계 미국인 역사 · 문화박물관(National Museum of African American History and Culture)이다. 인종과 정치의 혼합은 미국에서 자극적이고 고통스러운 역사적 계보를 만들고 있다. 특히 노예제도라는 독설과 뒤얽히게 되면 미국 공공 생활에서 가장 논쟁적이고 불안정한 영역 중 하나를 형성한다. 그가 미국이 아닌 영국과 탄자니아 출신임에도 불구하고, 혹은 어쩌면 출신이었기 때문에, 아디아예는 거의 전 세계적인 찬사를 불러일으키는 건물을 창작할 수 있었고 문화적 기념과 정직하고 불안한 역사적 성찰 사이의 어려운 간극을 세심하게 연결했다.

아디아예의 건축은 확실히 어두운 형태와 음울한 분위기로 특징지어진다. 그러나 그는 빛을 제거하지 않는다. 그는 단지 인접한 어둠, 조각된 형태에 대한 많은 참조를 통해 빛을 보낼 뿐이다. 그의 초기 작품 중 하나는 짜릿한 예를 제공한다. 더티 하우스(Dirty House, 2012)는

런던 동부와 중부 가장자리에 있는 매우 고급화된 지역에 위치해 있다. 더티 하우스는 아디아예가 위에 평평한 부분이 있는 예술가의 스튜디오로 개조한 2층짜리 옛 피아노 창고로 구성되어 있다. 원래의 건물은 단순한 벽돌, 구멍이 뚫린 창문이 있는 실용적인 외관을 특징으로 했다. 아디아예는 낮은 층의 창문을 서울 패널로 교체하여 벽돌과 같은 높이로 만들고, 위 층은 내부에 빛이 들어가도록 투명도가 높은 저철유리로 교체했다. 중요한 것은, 위층 창문이 건물 깊이 움푹 들어가 있는 반면, 아래쪽 개구부는 벽체와 민면(flush face)를 구성하면서 대조를 보인다. 이러한 구성은 아디아예 작품 다수에 적용되는 역동적인 표면 처리를 시사한다. 특히 바둑판 모양으로 우묵우묵한 자국이 나 있는 리빙턴 플레이스(Rivington Place, 2009)에서 두드러진다.

가장 퇴폐적인 방식으로 더티 하우스에 돌아온 아디아예는 풍성한 칠흑 같은 낙서방지용 페인트를 외부 벽돌 전체에 칠하고, 무해한 모서리 블록을 신비스럽고 호기심을 불러일으키는 요새화된 성채로 바꾼다. 마지막 인상적인 단계로서, 그는 숙소 역할을 하는 지붕에 아래층에 비해 많이 후퇴된 추가 층을 더하고, 낮은 검은색 볼륨은 2개층 높이 스튜디오를 둘러싸고 있다. 다락방은 인상적으로 확장된 하얀 파라펫 지붕(parapet roof)

왼쪽 : 런던 쇼디치(Shoreditch, London)에 있는 더티 하우스.

오른쪽 : 국립 아프리카계 미국인 역사·문화박물관 내부에서

아래쪽 : 런던 화이트채플의 아이디어 스토리 도서관

으로 돌출되어 있는데, 이 지붕은 아래쪽의 무겁고 검게 변한 존재를 악화시키는 어둠에서 빛나는 수평의 돛 역할을 한다. 이 대조는 밤에 숙소를 비추면 훨씬 더욱 확연해진다.

더티 하우스에 전시된 수수께끼 같은 느낌은 아디아예의 작품 대부분에 있는 특징이다. 리빙턴 플레이스의 직선형 회색 체커 판은 워싱턴 D.C.의 프란시스 A(Francis A)에서 흑백 다이어그리드로 변신한다. 그레고리 근교 도서관(Gregory Neighborhood Library, 2012)은 21세기를 위한 디지털 공동 학습 자원으로 전통적인 도서관의 다른 모습을 보여주려 시도했던 아디아예의 화이트채플 아이디어 스토어(Whitechapel Idea Store)와 함께 2005년에 그가 재정립했던 또 다른 유형이다. 이 작업은 그 이후로 매우 주류가 된 계획들이다. 그리고 더티 하우스가 시사하는 바와 같이, 아디아예는 그를 특징 짓는 집을 설계하는 데 성공했고 패션 디자이너 알렉산더 맥퀸(Alexander McQueen)과 배우 이완 맥그리거(Ewan McGregor)와 같은 다른 세간의 이목을 끄는 창조적 인재들을 위해 작업했다. 아디아예는 현재 활동하고 있는 영국 건축가들에게 존중받고 있다. 엘렉트라 하우스(Elektra House)(2000)가 계획 위반으로 철거 위기에 처했을 때, 리차드 로저스(Richard Rogers)가 개입하여 건물의 존속을 이어갈 수 있었다.

그러나 그의 경력의 대표작으로 남아있는 것은 국립 아프리카계 미국인 역사 · 문화박물관(2016)이다. 거꾸로 된 계단식피라미드 구조는 청동소재의 타공 스크린으로 둘러싸여 있으며, 워싱턴 몰(Washington's Mall)의 하얗게 칠해진 신고전주의 기념물들 사이에서 햇볕에 그을린 아프리카에서 영감을 받은 요루바족 왕관을 조각적으로 표현한 것으로 생각된다. 내부에서는 일련의 인상적인 갤러리 공간이 사색의 코트(Contemplative Court)에서 절정을 이루는데, 여기서 둥근 창(oculus)이 흐릿하게 빛나는 천장에서 비를 내려 고독과 성찰을 초대한다. 아마도 인간 본성의 최고와 최악을 위해 만들어진 박물관은 빛과 어둠 사이의 그늘진 배후지를 시적으로 다루며 작업하는 건축가에게 가장 적합한 의뢰일 것이다.

그림 저작권

ALAMY
163, 168-9, 174-5, 176-9, 181, 182, 184, 188-9, 190-1, 194, 202-3, 206
16: Henry Yevele boss
17: Nave of Westminster
35: Palazzo del Capitaniato
36: Banqueting House, Whitehall
44: Louis le Vau
46: Plan of Palace of Versailles
49: Painted Hall, Royal Naval College
100: Portrait
102: Hilversum home
108: Villa Savoye
115: La Concha Motel
116: Portrait: New Yorker/Everett Collection
119: Staircase, Yale University Art Gallery
120: Portrait
122: Sony Tower
122: Crystal Cathedral
124: Portrait, Cathedral of Brasilia
128: TWA Terminal
133: US Science Pavilion
142: Bagsvaerd Church
144: LAX
145: Pacific Design Centre
146: Norma Merrick Sklarek Certificate
147: American Embassy, Tokyo: Rodrigo Reyes Marin/AFLO/Alamy Live News
154: Museum of Contemporary Art
158: O2 Arena
159: Lloyds Building
162: Nadir Afonso Museum of Contemporary Art
164: Portrait
170: 16th Street Mall
172: Portrait: Malcolm Park/Alamy Live News
172: Whitney Museum of American Art
184: Portrait: ULF MAUDER/dpa/Alamy Live News
196: Portrait
200: Zollverein School of Management and Design

ALL SOULS COLLEGE, UNIVERSITY OF OXFORD
52: Bust of Nicholas Hawksmoor

AUTHOR/IKE IJEH
6: Sydney Opera House
7: St Peter's Square

BRIDGEMAN IMAGES
11, 34, 38-9, 153
12: Portrait of Marcus Vitruvius: Stefano Bianchetti
16: The Jewel Tower: John Bethell
20: Basilica of San Lorenzo: Nicolò Orsi Battaglini
22: Santa Maria del Fiore dome drawing: Mondadori Portfolio/Electa/Sergio Anelli
26: Plan of Forbidden City: Peter Newark Pictures
27: Summer Palace Tower: United Archives/ Carl Simon
31: Sehzade Mosque: Tarker
33: San Giorgio Maggiore: Sarah Quill
37: Queen's House, Greenwich: Stefano Baldini
41: St Peter's Square and Colonnades: Luisa Ricciarini
46: Collège des Quatre-Nations: Collection Artedia
48: Portrait of Christopher Wren: Heinrich Zinram Photography Archive
52: Staircase at Easton Neston: Country Life
55: Castle Howard Mausoleum: John Bethell
60: John Nash Wax medallion by J.A. Couriguer, c.1820: Granger
64: Portrait: Sir John Soane's Museum
67: Lothbury Court Engraving: Look and Learn / Peter Jackson Collection
68: Portrait: Heckscher Museum of Art / Gift of Mrs. Hubert de Jaeger
84: Portrait: Robert Phillips/Everett Collection
88: Portrait: Granger
88: Scotland Street School detail: Iain Graham
90: Glasgow School of Art: Mark Fiennes Archive
91: Detail Glasgow School of Art: Iain Graham
92: Portrait: The Stapleton Collection
95: Sketch No. 1 Cenotaph: Look and Learn / Elgar Collection
96: Portrait: SZ Photo / Scherl
98: Bauhaus School: Tallandier
99: Model of family house: SZ Photo / Scherl
104: Portrait: Everett Collection
105: German Pavilion: Hilary Morgan
106: Seagram Building: Collection Artedia
109: Gandhi Bhawan University: Leonard de Selva / F.L.C. / Adagp, Paris, 2021
110: Unité d'habitation: AWS IMAGES / F.L.C. / Adagp, Paris, 2021
111: Notre Dame du Haut: Jacqueline Salmon/ Artedia / Adagp, Paris 2021
128: Portrait: Tony Vaccaro
131: Gateway Arch: Granger
143: Sydney Opera House Drawing & Polariods: Christie's Images
148: Portrait
152: Seattle Art Museum Entrance: Omniphoto/UIG
155: Sainsbury Wing: Historic England
156: Portrait: Lionel Derimais/Opale
160: Ibere Camargo Museum: Dosfotos / Design Pics
180: Portrait: Stephane Couturier/Artedia
185: House of Music: Remy Castan/Artedia
190: Imperial War Museum: Stefano Baldini

CREATIVE COMMONS
14, 20, 24, 32, 36, 40, 56, 59, 94, 103
8: Statue of Hemiunu: Einsamer Schütze

GETTY IMAGES
44: Louvre Colonnade: Bruno de Hogues
65: Dulwich Picture Gallery: Oli Scarff
67: Sir John Soane Museum: Print Collector
70: Foreign Office: Heritage Images
71: Martyr's Memorial: Tracy Packer
72: Portrait: Chicago History Museum
76: Antoni Gaudi: Heritage Images
79: Casa Mila: Frédéric Soltan
79: Casa Batllo: Construction Photography / Avalon
80: Portrait: Bettmann
81: Wainwright Building: Raymond Boyd
82: Carson Pirie Scott Building: Bettmann
87: Johnson Wax Headquarters: Buyenlarge
97: Walter Gropius House: Paul Marotta
107: Lafayette Park: Chicago History Museum
108: Portrait
112: Portrait: Los Angeles Times
113: Karen Hudson: Mel Melcon/Los Angeles Times
132: Portrait: Bettmann
135: Pruitt-Igoe Housing Projects: Bettmann
136: Portrait: Jack Mitchell
140: Portrait: Bettmann
152: Portrait: Gary Gershoff
160: Portrait: Gonzalo Marroquin
168: Portrait: The Sydney Morning Herald
171: San Francisco streets: Justin Sullivan
192: Portrait: Franco Origlia
200: Portrait: Vincenzo Pinto / AFP
204: Portrait: Tristan Fewings
207: Interior Nationa Museum of African American History and Culture: Walter McBride

MARY EVANS PICTURE LIBRARY
56: Plan of Castle Howard

ROGERS STIRK HARBOUR + PARTNERS
159: Detail from London As It Could Be

SHUTTERSTOCK
9, 10, 11, 13, 15, 21, 23, 25, 27, 30, 41, 43, 47, 50, 53, 78, 85, 93, 118 (2), 121, 125, 126, 138, 139, 141, 142, 148, 161, 167, 173, 186, 192-3, 196, 197, 198-9
51: Hampton Court Palace: Malcolm P. Chapman
18: Canterbury Cathedral Cloister Garden: Roman Babakin
19: Canterbury Cathedral: A.G. Baxter
28-29: Bust of Mimar Sinan and Selimiye Mosque: Ihsan Gercelman
42: Fountain of the Four Rivers: Federico Curcio
48: St Paul's Cathedral: Songquan Deng
54: St Mary Woolnoth Church: Roman Babkin
57: Castle Howard: Leonid Andronov
58: Blenheim Palace: Simon Edge
60: Buckingham Palace: HVRIS
61: Regent Street: Ron Ellis
62: Carlton House Terrace: Paula French
63: Royal Pavilion: Patchamol Jensatienwong
66: Bank of England: N. M. Bear
69: St Pancras Station: Madrugada Verde
71: Prince Albert Memorial: cowardlion
73: Flatiron building: Stuart Monk
74: Grand Union Station, Washington DC: Andrea Izzotti
75: Selfridges: Zotov Dmitrii
77: Sagrada Familia: Valery Egorov
83: Guaranty Building: Felix Lipov
83: Interior staircase, Guaranty Building: Heather Shimmin
84: Fallingwater: Larry Yung
86: Guggenheim Museum: Tinnaporn Sathapornnanont
89: Willow Tearooms: Claudio Divizia
95: Cenotaph: David Burrows
98: Fagus Factory: Igor Marx
100: Hilversum: Pieter Roovers
101: Hilversum: Nigel Wiggins
107: Interior German Pavilion: Joan Bautista
112: LAX: Carlos A Torres
114: Guardian Angel Church: Leonard Zhukovsky
117: Salk Institute: Andriy Blokhin
120: Chapel Stained Glass Window: James Kirkikis
121: The Glass House: Ritu Manoj Jethani
123: Lipstick Building: Artem Avetisyan
127: Oscar Niemeyer Museum: Gregorio Koji
129: TWA Hotel: Leonard Zhukovsky
130: Washington Dulles Airport: Joe Ravi
132: Robertson Hall: E Q Roy
134: World Trade Center: Joseph Sohm
136: Louvre Pyramid: Florin Cirstoc
137: John F. Kennedy Library: Marcio Jose Bastos Silva
146: Mall of America: Brett Welcher
148: Walt Disney Concert Hall: Sean Pavone
149: Guggenheim Museum, Bilbao: Iakov Filimonov
150: 8 Spruce Street: E Q Roy
151: Dancing House: Vladimir Sazonov
157: Pompidou Centre: Robert Napiorkowski
165: Great Court, British Museum: Alex Segre
166: HSBC Main Building: Christian Mueller
167: Apple Park Headquarters: Felix Mizioznikov
180: Church of Light: Avim Wu
183: Modern Art Museum, Texas: ShengYing Lin
187: De Rotterdam: Victor van Bochove
195: London Aquatic Centre: A C Manley
201: Rolex Learning Centre: Mihai-Bogdan Lazar
205: National Museum of African American History and Culture: Joseph Sohm

SMITHSONIAN INSTITUTE
144: Portrait

감사의 글

무엇보다도 먼저 저는 이 책을 쓰며, 연구의 즐거움을 만끽하게 하고, 따뜻한 격려와 매력 있는 열정을 보여주신 제 편집책임자 타니아 오도넬(TANIA O'DONNELL)에게 감사드립니다. 저는 또한 그들의 작품의 본질과 영향을 담아내면서도 각 건축가들의 작품을 충실히 뽑아 낼 수 있었던 훌륭한 편집자인 스탠 캐리(STAN CAREY)에게 감사드립니다. 저는 2020년 봉쇄 이전의 꿈같은 날들에 이 책을 완성하는 동안 제 가족들, 특히 제 아내와 아들에게 인내심 있게 지원을 해준 것에 대해 감사드립니다. 영화 타워링(TOWERING INFERNO, 1974)에서 궁지에 몰린 건축가를 묘사한 폴 뉴먼(PAUL NEWMAN) 덕분에 어린 시절 건축가도 인간이라는 것을 확신할 수 있었습니다. 그리고 마지막으로 저를 건축과 사랑에 빠지게 만든 런던을 건설하는데 도움을 준 크리스토퍼 렌과 존 내쉬에게 감사드립니다.